谷本教授の（努力すれば）誰にでもわかる
環境システムの数理解析基礎
収支式の成り立ちから時間発展，数値解析まで

谷本　潤

九州大学出版会

我を学問の途へと導きたまひた木村建一先生，物理と
計算機の初歩を訓導下さつた藤井晴行先生に本書を捧ぐ．

はじめに

　主に工学系の大学院学生を対象に環境工学の講義をはじめて，はや15年が過ぎた．著者の元々の専門は建築環境工学であるが，ここ10年の研究対象は都市気候学，複雑系科学，はては統計物理学と（人格同様）些か発散傾向にある．そのこともあるが，奉職する大学院が学際大学院，かつ元来，独立研究科大学院として発足した経緯もあって，様々な大学から参じる学生の学部時代の専門は多岐にわたる．その人たちを相手に，最初に非定常熱伝導をテンプレートに，物理量の収支の概念，システムの時間発展とその数値計算法，線形システムであることの物理的意味などを講述するわけだが，なかなか解って貰えない．否，それなりには理解してくれている……だろう……う～む，そう思いたい……はて……毎年の期末試験の出来不出来を眺め，願望と現実の狭間で，当方の手応えは常に揺れ動いている．我が喋りがお粗末なことは棚上げするとして，どうして分からない人に解って貰えないのかを自問するとハタと答に窮してしまう．およそ環境に関連する事象を自らの専門にしようとする初学者なら，初歩も初歩，ほとんど赤ん坊のハイハイもしくは柔術における受け身の稽古に擬すべき内容である．それまでの（そう深く窮めたわけでもなかろう）専門などに依存せぬ普遍的基礎である．加えて，自身が数学物理センスのなさに呻吟しながら勉強してきたとの妙な自負もあるから，解らない人の勘どころ（厳密に言うと勘どころをわきまえ得ぬ視野不良さ）は十分にわかっている積もりで，「僕だったらこう説明してくれたら一気にわかったろうに」との泣き所にフォーカスしながら懇切丁寧に喋っているつもりだ．しかるに，現実はうまくいかないのである．

　嗟嘆ばかりしていてもしようがないので，少し真面目に事由を考えてみると，

　　①トピックに適合する成書がないこと，
　　②初学者の基礎のキソ力が低下していること，
　　③上記で棚上げしたが，そもそも当方の喋りがオハナシになっていないこと，

があり得るとの結論に達した．第三の理由は，やはり当面棚上げしておこう．第二の事由に関しては，ゆとり教育で礎となる基盤智を骨抜きにされてきた影響を先ずあげねばなるまい．が，それだけでもなくて，計算機のハードとソフトの発達により，一昔前なら自分でグラフ描画のプログラムを98-basicでコードしなければならないとか，有限要素法なり差分法のプログラムを理論から理解して自分で作らねばならないと云った様々な枷から，研究前線にいる人々が一斉に解放されたことも大きい．枷と言ったが，実はこれがスポーツに喩えれば筋力トレーニングのようなものになっていて，必要欠くべからざる修練だったとも云え

る．言ってみれば，今の人は四股鉄砲の稽古もせずに，まわし締めるやいきなり土俵に上がるようなものなのだ．余った時間を基礎や理論の勉強に振り向けるのならまだしも，世の中，研究は須く世の中に役立たねばならぬと過度に言い募るものだから，表層を掬ったアプリ研究ばかりが指向される．分野細分化は多くの場合，研究の深化との文脈で語られる．本当か？ 著者が垣間見てきた建築関連の分野で特に著しい傾向だと思うけれど，実はそれよりも狭窄化，蛸壺化と云うべき深刻な事態が進行していると思う．一昔前，いや二百歩譲って二昔前の大学院生ならば常識とされた物理や算数の知識が欠落しながら，学会でいっぱしの専門家の貌をしている若衆（基礎知識があれば誤りに気がつくだろうに）をまま見かける．今はまだシニア世代に昔日知る者がいるからいいけれど，そのうち教壇に立つ側にも順次知識浅薄化空洞化が進んで取り返しがつかぬことになりはせぬかと畏れる（無論，その前に分野そのものが淘汰されるかも知れないけれど）．そこで俄然，上記第一の事由に思い至るわけだ．我こそが最後の伝道師だなどと大それた言明をなそうとは露思うていないし，神の光被を信じるほど健康でもなければイカれてもない（と自分では思うている）．けれど，初学者の基礎のキソと信じる内容が偶々既往の成書から洩れ落ちているのだとしたら，それを自ら思う「たれにでも解るような」成書として世に供するのが，大学で無駄飯喰っている者のせめてもの義務なのではないかと思うわけなのである．

閑話休題，以上のような背景のもと，本書はものされたのである．その成り立ちは，先ずもって，独習によって，物理システムの時間発展をどう解析するかを理解出来るように配慮したものになっている．まま表記は回りくどく，ときに説明は冗漫に流れ，論旨は隘路に堕ちるかも知れない．書きっぷりも，如上御覧の通り，伝法な物言いで，専門書の品位を初頁から疑わせるモノになっているだろう．が，丁寧に行を追っていけば，必ず理解出来る説明になっていると深く信ずるものである．建築環境工学を専門とする学生，初級技術者ならば，室温変動・熱負荷計算や伝熱，流体の式の成り立ちは，当然のこととして背景へと押しやられ，しかと（どころか……全く）解っていないわりには，日常使うべき道具とされ，あれこれと物事が進んでいくことに漠とした不安を抱いているかも知れない．そんな折りに本書を繙いて欲しいのである．著者が伝えたき"実"は必ずや理解されるものと思うている．ただし，貴下が式展開を自らしてみる煩をいとわぬ読者ならば……だから「（努力すれば）誰にでもわかる」なのだ．読者諸兄諸嬢の敢闘精神を切に期待する．

本書は著者が建築物理学の（一応は）研究前線にあって，駆使してきたシステム状態方程式による解析法に関する知見のエッセンスを盛り込みつつ，初学者が自らの研究に今日明日からでも使えるよう懇切丁寧に解説した内容になっている．教科書，参考書として使うもよし，日々の研究に供する How to 本（攻略本？）ないしは虎の巻とするも読者の随意である．

およそ本書は，学部における環境工学のほんの一寸の基礎知識だけを前提に，あとは小学

校以降高校までに習った窮理（物理）とトマト……もとい，算術（算数）を読者に要請するだけである．建築環境工学といえば，研究カスケードのどん詰まりの末端にある分野だと思うが，よくよく考えてみると，扱っている事象の背後にある原理はどれも普遍的なことばかりなので，上澄みを追いかけるのでなく，きちんとそれらの基礎さえ理解していれば，他流試合自在とまでは言わぬが，余所の分野のことにも理解が及び，自己を過度に卑下することもなく，また応用も利こうと思うのである．

毒ばかり蒔いたけれど，一読賜り読者が学習の一助になれば望外の喜びである．

平成24年7月

著　者

目　次

はじめに ……………………………………………………………………………………… i

第1章　環境システムと解析方法 …………………………………………………… 1
　1-1　環境システム ……………………………………………………………………… 1
　1-2　本書の構成 ………………………………………………………………………… 3

第2章　線形システムの解析法 ……………………………………………………… 5
　2-1　非定常熱伝導方程式 ……………………………………………………………… 5
　2-2　離散化とは ………………………………………………………………………… 9
　2-3　検査体積法による空間離散化 …………………………………………………… 10
　2-4　システム状態方程式 ……………………………………………………………… 13
　2-5　時間離散化 ………………………………………………………………………… 16
　2-6　数値解の安定性 …………………………………………………………………… 19
　2-7　数値解の振動 ……………………………………………………………………… 23
　2-8　von Neumann の安定性解析 …………………………………………………… 24
　2-9　適用の事例 ………………………………………………………………………… 28
　2-10　放射熱伝達の線形化 ……………………………………………………………… 32
　2-11　線形熱水分同時移動方程式 ……………………………………………………… 37
　2-12　熱負荷計算と自然室温計算 ……………………………………………………… 42
　2-13　単室モデルのプログラミング例題 ……………………………………………… 48
　2-14　有限要素法 ………………………………………………………………………… 57
　2-15　章末問題 …………………………………………………………………………… 64

第3章　ベクトル・マトリクス演算の応用 ………………………………………… 75
　3-1　線形重回帰分析 …………………………………………………………………… 75
　3-2　最小2乗解 ………………………………………………………………………… 77
　3-3　最小2乗解の応用 ………………………………………………………………… 81

第4章 非線形システムのダイナミクス……………………………………… *89*
   4-1 線形システムの力学系……………………………………………… *89*
   4-2 非線形システムの力学系…………………………………………… *92*
   4-3 2人2戦略の進化ゲーム…………………………………………… *93*
   4-4 2×2ゲームのダイナミクス解析…………………………………… *100*

参 考 文 献……………………………………………………………………… *107*
索　　　引……………………………………………………………………… *109*

第1章

環境システムと解析方法

この章では，本書で言う環境システムの定義を述べ，各章の構成について説明する．

1-1 環境システム

システムとは複数の要素が有機的に関係し合って，全体としてまとまった機能を発揮している要素集合体のことで，邦訳として「系」を充てる．環境システムとは，字義通り解釈すれば環境に拘わるシステムと云うことになるから，多岐にわたる．その多様さは，渋谷系，

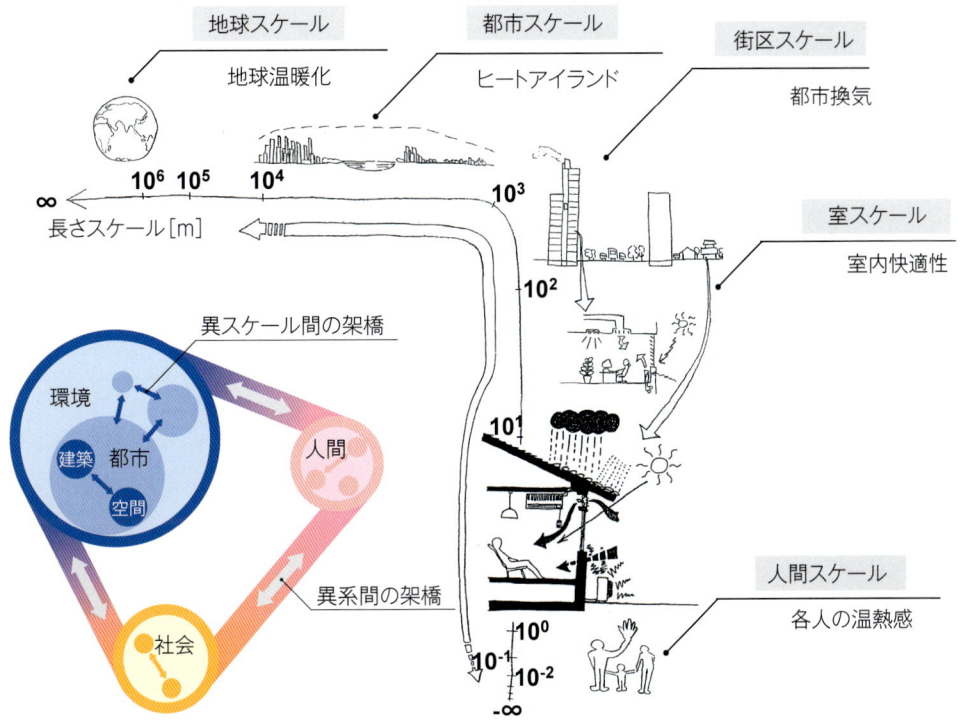

図1-1 広範な空間スケールにまたがる環境システムと人間—環境—社会システムの発想

新宿系，池袋系よろしく自然環境，人間環境，社会環境など，そもそも構成要素が異なる界域にある事象であることから来るものと，小は微生物が織りなすミクロ世界から大は地球環境へと至る空間スケールの違いによるものとがある（図1-1）．本質的な意味での環境問題では，諸現象を，これら異系間の相互作用および異なるスケール間の相互作用を全て相互浸透的に考慮した統合的な環境システムと観，考察することが求められる（図1-1）．著者は，これを**人間－環境－社会システム**とよんでいる．

　例えば，都市のヒートアイランドの問題を考えてみよう．ヒートアイランドの原因としては，都市化により地表面改変が劇的に進行したこと[1]と消費エネルギー密度の増大の影響が大きい．後者は，自動車や建物内の冷暖房など，およそ都市という都市において人為活動で蕩尽されるエネルギーは，熱力学の第2法則が謂うように，最終的にはすべて排熱となって都市大気に捨てられる．ゆえに，これが結果的に都市の温度を押し上げるのは自明である．例えば，夏の暑い盛りを考えてみる．ヒートアイランドの影響もあって，室内が暑くてかなわないので冷房を点けようとするだろう．すると，その室の熱取得はエアコンに投入される電力と合計されて，室外機から外気に捨てられる．すると，都市の気温は更に上がる．一層冷房を使わざるを得ない．そうなると，冷房の利きが悪くなるから，より一層エネルギーを食うようになる……以上の循環因果を正確に再現するには，都市大気に拘わる熱流体現象だけを切り出して観ていては不完全で，同時に都市を構成する建物，さらには室のレベルで，どう冷房が使われるかにまで踏み込んだモノの見方，図1-1で云う異スケール間を架橋する概念が要請される．

　事程左様に，今日的社会問題でもある環境問題をシステムという観点に立って，真っ向大上段から取り扱うとなると，大がかりなしつらえが必要になり，現下，その解析法すら確立されているとは言い難いし，ましてやそれを自在に望むべくよう制御するなど，神ならぬ人間に出来ようとも思えない．この点は，今後の環境学の発展に期待することにしよう．

　さて，元に戻って，本書における環境システムとは何かをここで定義しておこう．

　環境システムとは，時間と空間位置とを変数に表記される物理要素の有機的集積体としておこう．具体的には，私たちの関心は，この環境システムの主要な物理変数の時空間軌道を求めることにある（そうすればシステムを予測し，さらには設計することが出来る）．つまり，この物理システムのダイナミクス（dynamics；時間発展の特性）を議論したい．議論とは曖昧な物言いだが，要は，数理モデル[2]が既に与えられているとするなら，その解の振る舞いを出来れば演繹的に評価し，それが不可能ならば数値的に解を得ることを目指す．一般にダイナミクスを記述する数理モデルは，時間と空間位置の変数を含む微分方程式として

---

[1] 建物を建てることで地表面の凸凹が増大した効果（ラフネスの増大）と，水面や緑地といった，日射などの顕熱取得を潜熱に変換して大気に返す機能が損なわれた影響（蒸発能の低下）とに大別される．
[2] 系の物理現象を表記する数学モデル．

表される．上記「演繹的」云々の意味は，この微分方程式が解析的に解けてしまう場合を意味する．これは数理モデルがよほど単純で，特殊な初期条件と境界条件の場合にのみ可能であり，普通，演繹的解法は採り難いことが知られている．そうなると，もとの数理モデルをデジタル化して数値的に解を得ることになる．斯くて，数値計算の出る幕となる．ここで，注意しておきたいのは，演繹はなかなか出来ないアプローチだけれど，もし可能となると結果は恐ろしく見晴らしのよいモノになる点だ．なぜと云って，数値解とは文字通りある特定の初期条件，境界条件下の結果だけが無味乾燥とした数値デジタルデータとして吐き出されるだけなのに対して[3]，演繹解では環境システムの因果が式として得られるわけだから，システムの振る舞いを深く洞察する上ですこぶる便がよいことになる．さて，数値解を得るに際しては，コンピュータをフルに使うことになる．デジタル化したデータを扱うのは得意中の得意だ．だが，コンピュータに数値解を出して貰うためには，コンピュータが処理しやすいような数式表記に変形してやることが重要になる．その過程で，ベクトル・マトリクス演算が大活躍する．高校以来，線形代数を延々学習してきた事由の一端が正しくここにあるのだ．

1-2 本書の構成

　本書では環境システムの解析法について懇切の解説を行う．第2章では，いきなりのハイライトだが，環境システム，特に線形システムを例に取り，矯めつ眇めつ解説を試みる．ここでは，多くの人にとって馴染み深い，非定常熱伝導方程式を取り上げ，半無限地盤中の温度場を解析する事例をテンプレートに話を進めていく．線形な環境システムは一般にベクトル・マトリクスで表現されるシステム状態方程式として表すことが出来る．この誠に見通しよく便利のよいシステム状態方程式の性質につき詳述し，具体的な数値計算の段取りについて説明していく．数値解の安定性の議論，空間離散化法としてしばしば用いられる有限要素法についても解説する．また，室温変動，熱負荷計算についての具体的プログラミングの委細に関して詳しく説明する．
　第3章は，ベクトル・マトリクスにより表現された数理モデルがいかに扱い易く，ものごとを計量的に考察する上で威力を発揮するかを実感して貰うため，重回帰分析と最小二乗解の概念について解説する．直接的には環境システムとは関わりないので，お急ぎの読者はスキップ可能だが，応用上重要な一般化逆行列の概念が出てくるので，出来ればお付き合い願いたい．
　第4章は，非線形の環境システムの解析手法について述べる．第2章では触れなかった演

---

[3] もっと具体的に短所をいえば，付与条件を変えたときの結果が類推出来ず，また数値計算しなければならない．見晴らしが利かない所以だ．

繹アプローチとはどんな方法なのかを，これまたテンプレートの事例を引き合いに解説していく．ここでのテンプレートは，ゲームである．ゲームと云ってもテレビゲーム，アーケードゲーム，麻雀，花札，パチンコその他遊戯のゲームでなくて（実は関連あるのだが），人間の意志決定を抽象化した応用数学であるゲーム理論のゲームである．冒頭触れた環境問題は，環境という公共財を巡る社会ジレンマゲームとしてのモデル化が可能である．たれもがそこから便益を引き出せる公共財（例えば共有の放牧地，漁場や里山など）に利己的な意志決定主体がコミットする場合，放っておくとたれも協調的な振る舞いをしてくれない（乱獲で漁場は涸れ，放牧地は荒れ果て，里山は禿山と化す）．そこにどんな枠組みを付加すると，協調行動を創発させられるかを考究するのが進化ゲーム理論である．進化と銘打たれているから想像出来るだろうが，この枠組みには時間の概念が入っていて，非線形の環境システムの一例として捉えることが出来る．

　以上の内容を著者は大学院修士課程 1 年生に対して半期 15 回で講述している．なに一つ高級で難解な内容はない．そう，どうってことない．朝飯前だとは言わないが，昼メシ喰ったあとの腹ごなし程度の中身である．恐るに足りぬ条々である．
　それなりの深度で独習するとしても，精読 1 週間はかからないだろうと想像する．鋭い人なら，寝ながら半日で読了可能である．また，それだけの基礎的内容でもある．読者の健闘を切に祈念する．

第2章

線形システムの解析法

　この章では，非定常熱伝導方程式を基礎式とする半無限地盤温度場解析を例に取り上げ，線形システムの解析方法を詳細に説明する．基礎方程式の物理的意味，離散化の概念，空間離散化式の導出法を述べたのち，本書のコアであるベクトル・マトリクス記法に基づくシステム状態方程式を導く．システム状態方程式の時間離散化法を解説し，読者は数値解法の流れを理解するだろう．後半では，単室の室温変動，熱負荷計算の計算事例について，具体的プログラミング法を詳しく解説する．また，離散化による数値解の安定性につき詳しく解説し，さらに空間離散化法としてよく用いられる有限要素法についても節を立てて詳しく解説する．

2-1 非定常熱伝導方程式

　1次元非定常熱伝導方程式は，温度 θ [K]（[℃] でもよい）を時間 t [s]，位置 x [m] を変数として表すと，

$$C_p \rho \frac{\partial \theta}{\partial t} = \lambda \frac{\partial^2 \theta}{\partial x^2} \tag{2.1}$$

ここで，C_p；比熱 [J/(K kg)]，ρ；密度 [kg/m³]，λ；熱伝導率 [W/(m K)]．$C_p \rho$ [J/(K m³)] を容積比熱といい，熱伝導率はその材料の熱の伝わり易さを意味する．両者の比を熱拡散率[1] a [m²/s]

$$a = \frac{\lambda}{C_p \rho} \tag{2.2}$$

で表すこともある．(2.1) 式をニュートンの運動方程式 $m\alpha = f$（$m \cdot dv/dt = f$）になぞらえて観てみると，速度の時間変化の代わりに温度の時間変化が生じ，容積比熱は**熱的質量**を意味することが諒解(りょうかい)されるだろう．(2.1) 式右辺は以下で述べるが，その要素に正味作用する伝導熱量を意味し，運動方程式でいえば物体に正味作用する力に相当する．つまり，伝

---

[1] 輸送される対象が熱以外の現象であっても**拡散率**ないし**拡散係数**は同じ単位 [m²/s] をもつ．例えば，分子拡散係数など．これは，どの現象でも基本的には，拡散係数（拡散率）は，後述するポテンシャル差で規定される濃度勾配と輸送されるフラックスとの関係における比例定数である輸送効率を表しているからである．なお，この普遍的関係をフィックの法則という．

導熱が作用して，その帰結として単位体積当たり熱的質量 $C_p\rho$ の要素に対して，dt の時間内に $d\theta$ の温度変動を生じさせることを意味する．これは，力 f が作用し質量 m の質点に対して，dt の時間内に dv の速度変動を生じさせることを意味するのと同様である．

本書では1次元問題を扱うけれど，(2.1) 式は3次元では，

$$C_p\rho\frac{\partial\theta}{\partial t} = \lambda\left(\frac{\partial^2\theta}{\partial x^2} + \frac{\partial^2\theta}{\partial y^2} + \frac{\partial^2\theta}{\partial z^2}\right) \tag{2.3}$$

となる．ナブラ，

$$\nabla = \left(\frac{\partial}{\partial x},\ \frac{\partial}{\partial y},\ \frac{\partial}{\partial z}\right) = \mathbf{i}\frac{\partial}{\partial x} + \mathbf{j}\frac{\partial}{\partial y} + \mathbf{k}\frac{\partial}{\partial z}$$

ラプラシアン，

$$\Delta = \frac{\partial^2}{\partial x_1^2} + \frac{\partial^2}{\partial x_2^2} + \cdots + \frac{\partial^2}{\partial x_n^2}$$

を使って表すと，それぞれ以下のように表式される．

$$C_p\rho\frac{\partial\theta}{\partial t} = \lambda\nabla^2\theta \tag{2.4}$$

$$C_p\rho\frac{\partial\theta}{\partial t} = \lambda\Delta\theta \tag{2.5}$$

以下では，どうして (2.1) もしくは (2.3) 式が成り立つのかを導出していく．そのために以下の経験的事実を認めることにする．つまり，図2-1に示す熱伝導率 λ の材の中に距離を隔てた2点があり，図のような温度差が生じているとする．位置の座標は左側に原点を採っていることに注意する．このとき熱は温度の高いポイント1から低いポイント2に向かって流れるが，その量は両者の温度差が大きければ大きいほど大きかろうと想像される．色々調べてみると，温度差の1乗に比例した熱量が流れることが確かめられ

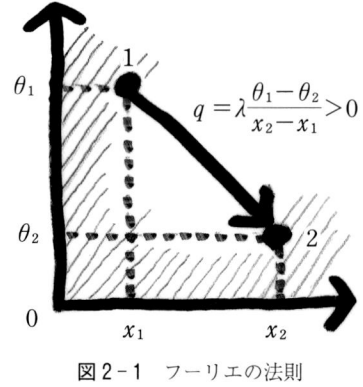

図2-1　フーリエの法則

る．また，その熱量はポイント1と2が隔たっていれば隔たっているほど，わずかしか流れないだろうと想像される．色々調べてみると，距離の1乗に反比例することが確かめられる．最後に，その熱量は，材料の種類に依存するだろと想像される．実際，金属のような物質では多くの熱量が流れる．そこで，その比例定数を熱伝導率 λ と名付けることにしよう．以上を集約すると，伝導で流れる熱量，すなわち伝導熱フラックス $q\ [\mathrm{W/m^2}]$ は図中に示した方程式で表記されることが諒解されるだろう．距離と温度差を無限小にとると**フーリエの法則**が導かれる．

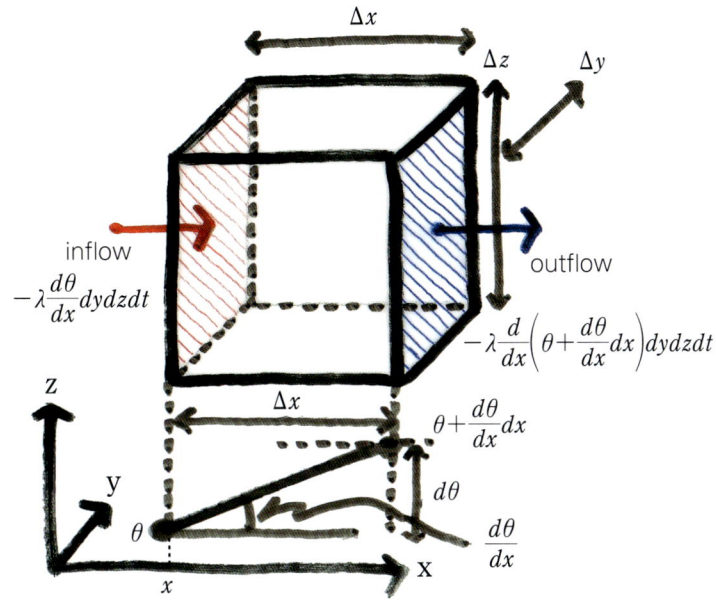

図 2-2 微小 6 面体に流出入する伝導熱量

$$q = -\lambda \frac{d\theta}{dx} \tag{2.6}$$

このとき，熱伝導率の前のマイナス符号は図 2-1 中の式中の添え字が分母分子で逆になっていることから来ていることに留意．

次に図 2-2 に示す 3 次元の微小 6 面体が材の中に埋め込まれている状況を想定しよう．

まず dt 時間内に左界面から微小 6 面体に流入する伝導熱量を見積もる．つまり，x 方向だけの熱流成分を考えることにする．フラックスはフーリエの式で表現できるから，あとは面積と時間を乗じればよい．図中 inflow と表記した量になる．同じように右側界面から流出する伝導熱量を見積もる．が，問題は x において θ だった温度が $x+\Delta x$ において幾らになるかだ．図中微小 6 面体直下に描かれた x 方向の温度勾配の図を見て欲しい．微小距離 Δx 隔てた outflow 流出界面の温度は直線近似した温度勾配を用いて $\theta+\frac{d\theta}{dx}dx$ と書けるだろう（ただし，この表式では $\Delta x = dx$ としている）．これは小学校以来馴染み深い $y = $（切片）$+$（勾配）$\cdot x$ の表式と同じである．この量をフーリエの式の温度の部分に代入すれば図中に書いた outflow の流出熱量が求まる．ここで，入から出を差し引いた熱量がこの微小 6 面体に x 方向について蓄積される熱量になる．すなわち，

$$-\lambda\frac{d\theta}{dx}dydzdt - \left[-\lambda\frac{d}{dx}\left(\theta+\frac{d\theta}{dx}dx\right)dydzdt\right] = \lambda\frac{d^2\theta}{dx^2}dxdydzdt$$

となる．微分演算子があろうと普通の分数の計算の如く扱えばよいだけだ．y方向，z方向に関しても同様に考えればよい．つまり，3方向それぞれでカウントした熱量が見積もられる．これが，この微小6面体にどんな物理的帰結をもたらすか？　容易に想像出来るように$d\theta$なる温度変化を生じせしめるわけだ．ただし，この材料が何によって出来ているかによって，その温度変化は異なってくる．言葉を換えると，微小6面体に蓄積された熱エネルギーで昇温させる場合，それが熱的に重たい材料で出来ているか，軽い材料で出来ているかで程度が異なるだろう，とのことである（このくだりは先のニュートンの運動方程式とのアナロジーで言えば，同じ力を加えるにしろ質量の大きな質点ほどなかなか加速しないし，逆に軽薄な奴ほどすぐ動き出す，というのと同様だ）．その特性を表すのが熱容量といわれるもので容積比熱に体積を乗じた量である．以上を方程式の左辺，右辺に表記して，等置すると，

$$C_p\rho \cdot dxdydz \cdot d\theta = \lambda\left(\frac{d^2\theta}{dx^2} + \frac{d^2\theta}{dy^2} + \frac{d^2\theta}{dz^2}\right)dxdydzdt$$

を得る．片々整理すると，3次元非定常熱伝導方程式 (2.3) 式が得られる．

　非定常熱伝導方程式は，温度差を駆動力に熱が流れる物理現象を表現している．駆動力を生み出す温度差のことをポテンシャル差という．その式の成り立ちは，ポテンシャルと輸送される対象が代わっても基本的には同形の構造をもつ．例えば，2.11節で説明する水蒸気濃度（絶対湿度）差をポテンシャル差に水分が輸送される現象の場合も然り．以上の意味で非定常熱伝導方程式を**拡散方程式**とよぶことがある．ポテンシャル差を駆動力に熱なり水分なりが拡散してく物理現象を表現しているからである．5ページの脚注で述べたが，拡散現象を表す普遍的表式をフィックの法則（第1法則が熱拡散でいえばフーリエの法則，第2法則が1次元熱伝導方程式に相当）という．

　一方，数学的分類によると1次元の非定常熱伝導方程式 (2.1) 式と同形の形式，すなわち時間1階微分とラプラシアンで表記される2階空間微分項（この他に定数係数移流項があってもよい）が等置される構造をもつ微分方程式を**放物型**（Parabolic）とよんでいる．この分類には，もう2つのクラスがある．**双曲線型**（Hyperbolic）と**楕円型**（Elliptic）である．前者の例としてはせん断棒の振動方程式がある．すなわち，

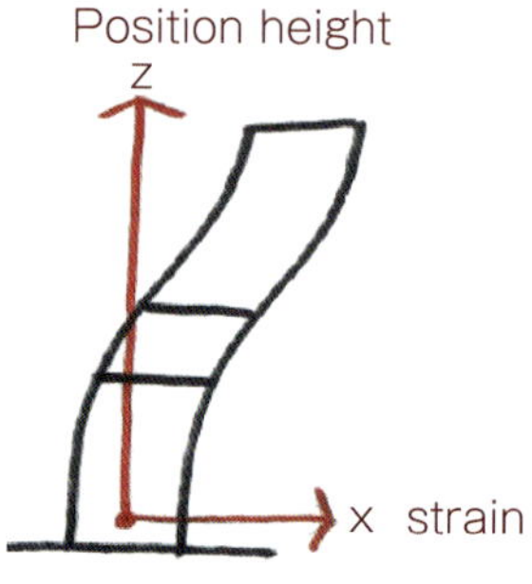

$$\frac{\partial^2 x}{\partial t^2} = \frac{G}{\rho}\frac{\partial^2 x}{\partial z^2} \tag{2.7}$$

図2-3　せん断棒の振動

ここで，xとzは図2-3に示す座標系で表記した変位 [m] と高さ [m] であり，G

[N/m^2] はせん断弾性係数，ρ [kg/m^3] はせん断棒の密度である．時間の2階微分項が登場する．楕円型の代表例としてはポアソン（Poisson）方程式；$\frac{\partial^2 \phi}{\partial x^2}+\frac{\partial^2 \phi}{\partial y^2}+\frac{\partial^2 \phi}{\partial z^2}+g=0$ やラプラス（Laplace）方程式；$\frac{\partial^2 \phi}{\partial x^2}+\frac{\partial^2 \phi}{\partial y^2}+\frac{\partial^2 \phi}{\partial z^2}=0$ が上げられるが，これは例えば3次元定常熱伝導方程式（(2.3)式の左辺である時間微分項をゼロとした表式）がこれに相当する．

2-2 離散化とは

1次元非定常熱伝導方程式（2.1）式は，特別な初期条件，境界条件の下で演繹が可能，つまり解析解を得ることが出来るが，常に解けるわけではない．斯くて，本書の主題でもあるわけだが，数値的に解を得ることになる．既に述べたように，数値的アプローチとは元々，連続系で表式された微分方程式を**離散化**（Discretization）して，コンピュータで解くことをいう．離散化とは，平たくいえば，無限小の時間 dt を有限小の時間 Δt に，無限小の距離 dx を有限小の距離 Δx に置き換えることをいう．前者を**時間離散化**，後者を**空間離散化**という．勿論，ただ単に置き換えればよいわけではなくて，それなりの手続きを踏まなくてはならない．空間離散化には大きく，

- **有限差分法（空間（有限）差分法）**，Finite Difference Method，FDM
- **検査体積法**，Control Volume Method，CDM
- **有限要素法**，Finite Element Method，FEM

の3手法がある．空間差分法と検査体積法では本質的には同じ離散化式が得られる．前者が元の微分方程式にテーラー展開を適用して離散化式を得るのに対して，後者は元の微分方程式を満たすように検査体積内のフラックスの収支を組み上げることにより離散化式を得る．後者の方が物理的直感に照らしてより理解容易なので，本書では以下，検査体積法に基づき空間離散化を行う手続きを詳述する．一方，時間離散化は元の微分方程式の時間微分の階数に応じて方法が異なる．時間2階微分がある双曲線型では，多段型積分が可能なルンゲ・クッタ法（Runge-Kutta method）などを適用することになるが，時間1階微分しかない場合には大きく，

- **前進差分**，Forward FDM
- **クランク・ニコルソン差分**（中心差分），Crank-Nocolson method
- **後退差分**，Backward FDM

のどれかによることになる．実を言えば，時間離散化の差分スキームは何もこの3手法に限らず，原理的には無限の差分スキームを編み出すことが出来るのだが，このくだりは後ほど

詳述することにしよう．

このように離散化は空間と時間それぞれ別モノであって，分けて考える必要があることを記憶しておいて欲しい．

実際には，元の連続系の式に対して空間離散化を施し，しかる後，時間離散化を施すことになる．

2-3 検査体積法による空間離散化

ここでは，図2-4に示すような半無限地盤の温度場解析を例にして，話を進めよう．地表面を原点に地中方向に x 座標を取る．地中では伝導により熱が伝搬するだけだが，地表面では対流熱伝達率 α_o [W/(m²K)] で既知の外気温度 θ_o [℃] との間に対流熱伝達が生じ，表面温度を θ_1 [℃] で表すなら，取得熱は $\alpha_o(\theta_o-\theta_1)$ [W/m²] で表される．また，地表面では既知の日射（短波放射）による熱取得 I [W/m²]，既知の長波放射による熱損失 R [W/m²]，水の蒸発潜熱 l [J/kg] と既知の蒸発量 E [kg/(m²s)] の積で表される蒸発潜熱の損失 lE [W/m²] が生じている．以上要するに，地表面にだけ熱的インパクトが付与されている半無限地盤の温度場の時間推移を解析する問題である．

検査体積法による空間離散化では，まず系を有限の大きさをもつ検査体積に分割し，その検査体積の熱容量 $C_p\rho\Delta x$ [J/K]（1次元問題なので暗に面積は 1m² を仮定している）を温度**節点**（Node）で代表

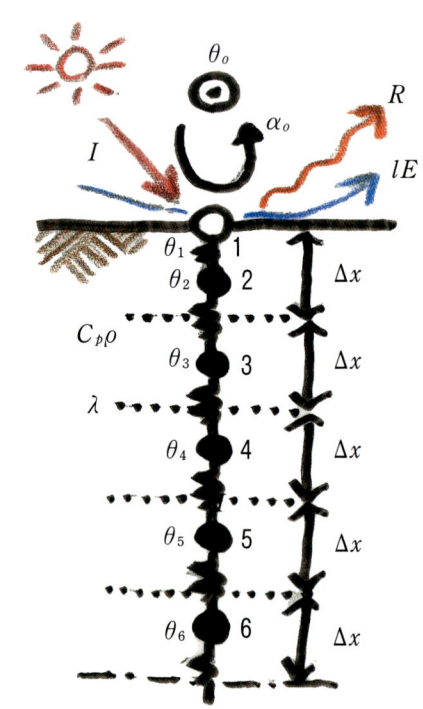

図2-4 半無限地盤の表層を集中定数化して検査体積法に基づく空間離散モデルにする

させる．この物理的意味から察せられようが，温度節点はその検査体積の中心に描く．これを**集中定数化**という．図2-4では，地表面から5分割した同じ厚さ Δx を有する検査体積を仮定しているが，これは簡単のためである．通常は境界条件の影響がより強く及ぶ地表面近くは，分割幅を小さく取り，不等間隔とするのが一般的である．また，どの深さまで考慮するのかも，この問題では大事なポイントになる．上述したように，この系は半無限の片側境界にだけ熱的インパクトが付与されるから，定性的にはこの表面で起きるインパクトが及ぶ有効な深さが存在し，それより深奥の温度は一定になるだろうと推測される．この温度は表面の熱的インパクトにより決まる温度場の平均値になる筈だ（なぜなら他に熱的生成や吸

収は系内で一切生じないのだから).実際,地中の温度を測ってみると,ある深さより深奥では一定の温度,**不易層温度**になることが知られている.そこで,この例題では,不易層温度になる深さまで解析深さを採る必要がある.それがどの程度かは,地盤の熱物性値,すなわち熱の伝わりやすさ λ と熱的重さ $C_p \rho$ に依存するが,常識的には 10m 程度とすれば十分だろう.5 分割した検査体積の集中定数化した節点の温度を θ_2 から θ_6 [℃] で表す.これらは未知数である.また,地表面にも未知温度節点を設け,これを θ_1 [℃] で表す.この節点は熱容量をもたないことに注意する.図中の未知温度節点のシンボルが●か○かは,熱容量を有するか否かを意味している.また,◉で示した温度節点(この場合,外気温度)は前述したように既知であり,対流熱伝達によるフラックスで規定される境界条件を決める節点で(温度)**規定節点**という.これで,準備は整った.

以下,番号 1 から 6 の温度節点に関して,熱収支式を立てていく.収支式は,右辺にその検査体積に流入する熱流要素をもれなく全てカウントし,左辺にその結果どんな物理が起きるのかを記述すればよい.何が起きるかは,既にお察しの通り,「その検査体積に温度変化が生じる(厳格にいえば,ある熱容量をもつその検査体積の温度時間変化率と釣り合う)」である.これは,非定常熱伝導方程式の右辺と左辺の成り立ちと同様である.ただし,表面の温度節点には伝導熱だけでなく,境界条件で規定されるその他様々な熱流要素が登場する.

まず節点 1 については,
$$0 = C_{12}(\theta_2 - \theta_1) + \alpha_o(\theta_o - \theta_1) + I - R - lE \tag{2.8}$$
となる.右辺第 1 項は伝導により節点 2 から 1 に流入するフラックスを表し,C_{12} は伝導による熱コンダクタンス [W/(m²K)] であり,実際には,
$$C_{12} = \frac{\lambda}{\Delta x / 2} \tag{2.9}$$
である.分母は節点 1・2 間の距離である.(2.8) 式右辺第 2 項は対流により節点 1 に流入するフラックスを表す.C_{12} と対流熱伝達率とは同じコンダクタンスの次元をもつことに注意せよ.また,第 1 項,2 項とも隣接温度から今フォーカスしている θ_1 が差し引かれている.これは流入を正に採っているからである.右辺第 3 項以下の直接フラックス入出力として規定される境界条件も,入りを正としていることに注意する.また,この問題は(最前申したように)1 次元だから,式の両辺に顕わに面積 1m² を書いていない.本来,考えている検査体積に流入する熱量を表式すべき(非定常熱伝導方程式の微小 6 面体に流入する熱量をカウントした際のように)なので,面積を乗じる必要があるが,略しているわけだ.最後に (2.8) 式の左辺であるが,これは,表面温度節点は熱容量がない(体積をもたないとしている)としたのでゼロになっているのである.このように図 2-4 のように示したシステム図において,○で描かれた節点の熱収支式の左辺は必ずゼロになる.

節点 2 については，

$$C_p \rho \Delta x \frac{d\theta_2}{dt} = C_{21}(\theta_1 - \theta_2) + C_{23}(\theta_3 - \theta_2) \tag{2.10}$$

$$C_{21} = \frac{\lambda}{\Delta x/2} \tag{2.11}$$

$$C_{23} = \frac{\lambda}{\Delta x} \tag{2.12}$$

となる．$C_{21} = C_{12}$ となっている．物理的にも容易に納得いくように，伝導のコンダクタンスには対称性が成り立ち，$C_{ij} = C_{ji}$ である．ここで，節点1と節点2が異なる熱伝導率，異なる離散化幅を有するとき C_{21} がどうなるかを説明しておく．地盤が粘土層や砂礫層など多層で構成されているケースを想定して欲しい．図2-5のような状況である．この場合，**合成コンダクタンス**は以下のようになる．

$$C_{21} = \frac{1}{\frac{\Delta x_1/2}{\lambda_1} + \frac{\Delta x_2/2}{\lambda_2}} \tag{2.13}$$

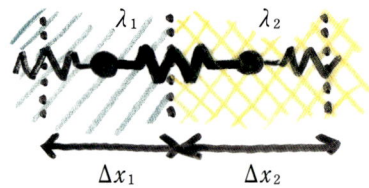

図2-5 合成のコンダクタンス

界面両側の熱伝導率と離散化幅を同値とすると(2.12)式右辺に一致する．(2.13)式の成り立ちは，建築環境工学を履修したことがある人には馴染み深い熱貫流率の定義によく似ている．異なるコンダクタンスの2層を合成する場合には，電気回路における合成抵抗の求め方を思い出せばよい．ポイントは抵抗の次元を有するモノであれば，和を取ることが出来るということである．熱コンダクタンスは，対象である熱エネルギーの次元である[J]が含まれているから，熱の「伝わりやすさ」を含意していることがわかるだろう．だから，このままでは和を取ることが出来ず，一旦，(熱伝導率ならば厚みで除してコンダクタンスの次元にした後)逆数を取ってから，足し算をする．求めたいのは「伝わりやすさ」の次元を有するコンダクタンスだから，和を取った後，再び逆数を取るのである．この考え方は，熱の輸送に限らず，あらゆるポテンシャル場における拡散問題に普遍的に適用出来る通則である．

節点3，4，5について同様に収支式を立てると，以下になる．コンダクタンスの中身は，自明なので陽には書かない．

$$C_p \rho \Delta x \frac{d\theta_3}{dt} = C_{32}(\theta_2 - \theta_3) + C_{34}(\theta_4 - \theta_3) \tag{2.14}$$

$$C_p \rho \Delta x \frac{d\theta_4}{dt} = C_{43}(\theta_3 - \theta_4) + C_{45}(\theta_5 - \theta_4) \tag{2.15}$$

$$C_p \rho \Delta x \frac{d\theta_5}{dt} = C_{54}(\theta_4 - \theta_5) + C_{56}(\theta_6 - \theta_5) \tag{2.16}$$

最後の節点6については，以下となる．

$$C_p \rho \Delta x \frac{d\theta_6}{dt} = C_{65}(\theta_5 - \theta_6) \tag{2.17}$$

右辺第2項がないのは，節点6より深奥は全てθ_6と同じ温度と仮定するので，伝導熱フラックスを考慮する必要がない（温度差ゼロだから）からである．このような考え方を**断熱境界**という．この例題のような半無限地盤の温度場を解析する場合には，地表面から，不易層とみなし得る深さまで検査体積を設定して，その下端で断熱境界を設定すればよい．

2-4 システム状態方程式

温度節点1から6までの熱収支式をまとめてベクトル・マトリクス方程式表現する．各熱収支式の左辺に登場した熱容量$m_1, \cdots, m_6$のように表現する．この例題では$m_1 = 0$，それ以外の節点iについては$m_i = C_p \rho \Delta x$である．

結果は以下のようになる．

$$\mathbf{M} \frac{d\boldsymbol{\theta}}{dt} = \mathbf{C}\boldsymbol{\theta} + \mathbf{C}_o \theta_o + \mathbf{f} \tag{2.18}$$

この表式を**システム状態方程式**という．システム状態方程式は各収支式を一括表現しただけである．以下に各ベクトルとマトリクスの要素を陽に書くが，<u>読者においては，必ずこれらを代入した（2.18）式を自ら展開して，（2.8）式以下の各節点の熱収支式に一致することを確認すること．（他はせずとも，これだけは）絶対に遺漏なく自ら行うこと</u>．

$$\boldsymbol{\theta} = \begin{bmatrix} \theta_1 \\ \theta_2 \\ \theta_3 \\ \theta_4 \\ \theta_5 \\ \theta_6 \end{bmatrix} = {}^\mathrm{T}[\theta_1 \cdots \theta_6] \tag{2.19}$$

$\boldsymbol{\theta}$は未知変数ベクトルである．ベクトル（もしくはマトリクス）の左肩の記号Tは**転置**（Transpose）を表す[2]．ベクトルであれば，横（縦）ベクトルを縦（横）ベクトルに，マトリクスであれば転置行列を意味する．今後頻出する．

$$\mathbf{f} = \begin{bmatrix} I - R - lE \\ \\ \\ \\ \end{bmatrix} \tag{2.20}$$

---

[2] 多くの教科書では転置記号を右肩に書くが，その場合冪乗と混同しやすいので，本書では左肩に書く．

$$\mathbf{M} = \begin{bmatrix} m_1 & & & & & \\ & m_2 & & & & \\ & & m_3 & & & \\ & & & m_4 & & \\ & & & & m_5 & \\ & & & & & m_6 \end{bmatrix} \quad (2.21)$$

空欄は要素ゼロを意味する．

$$\mathbf{C} = \begin{bmatrix} -C_{12}-\alpha_o & C_{12} & & & & \\ C_{21} & -C_{21}-C_{23} & C_{23} & & & \\ & C_{32} & -C_{32}-C_{34} & C_{34} & & \\ & & C_{43} & -C_{43}-C_{45} & C_{45} & \\ & & & C_{54} & -C_{54}-C_{56} & C_{56} \\ & & & & C_{65} & -C_{65} \end{bmatrix} \quad (2.22)$$

$$\mathbf{C_o} = \begin{bmatrix} \alpha_o \\ \\ \\ \\ \\ \end{bmatrix} \quad (2.23) \qquad \qquad \boldsymbol{\theta_o} = [\theta_o] \quad (2.24)$$

ここで，読者はシステム状態方程式の美しい性質に一驚したろう．

　放物型の拡散方程式であれば，その離散化式後のシステム状態方程式は必ず（2.18）式の形式で表される．つまり，システム状態方程式は，普遍的表式である．この例では，空間離散化に検査体積法を用いたけれど，およそ空間離散化の方法には依らず，システム状態方程式は同じ形式になるのだ．

　M を **熱キャパシタンス（容量）マトリクス** とよぶ．その構成は規則的で，対角成分にその離散化要素が代表する熱容量が入っている．地表面を代表する（1,1）要素は $m_1 = 0$ である．対角成分に値が入る性質は，空間離散化を空間差分法によった場合も同様．有限要素法を用いた場合は，些か異なり，非対角要素にも値が出現する．この点がまた面白いのだが，後に詳しく説明しよう．今の段階では，**M** は対角行列だと思えばよい．

　ベクトル・マトリクス積 $\mathbf{C_o}\boldsymbol{\theta_o}$ は対流熱伝達による境界条件を表している．正確に言えば，対流熱伝達に限らず，温度規定節点により決まる境界条件を表しており，ベクトル $\boldsymbol{\theta_o}$ は既知の温度節点を要素とする縦ベクトルである．本例では，外気温度だけだから，1要素の縦ベクトルになっている．$\mathbf{C_o}$ は行数が未知節点数，列数が上記の規定節点数の非正方マトリクスである．その i 番目の未知数について，j 番目の温度規定節点と熱的関係があれば，(i,j) 要素にその輸送効率が要素として表れる．本例では，地表面温度と外気温度との間に

対流熱フラックスが生じるから，(1,1) 要素にその効率である対流熱伝達率 α_o が入る．

C を**熱コンダクタンスマトリクス**とよぶ．その構成は規則的で，i 番目の未知温度節点と j 番目の未知温度節点に熱的関係があれば，(i,j) 要素にその輸送効率が表れる．本例では，例えば，(1,2) 要素に熱伝導によるコンダクタンス $C_{12} = \dfrac{\lambda}{\Delta x/2}$ が入る．そして，この行列は，美しいことに対称行列になっている．よって，上三角の要素だけ考えれば，あとは転置した値を下三角に書き込めばよい．コンピュータプログラムにコードするにすこぶる便利な性質である．後に述べるが，熱の移動でも，電気回路でいえばダイオードの如く，方向規定がある場合は，この対称性が崩れる．例えば，ファンにより強制的に空気を流し，その移流に載って熱が運ばれるケースがそれに相当する（2.9節参照）．が，今の段階では，**C** は対称行列だと理解しておけばよい．また，**C** の対角要素だが，これもきわめて美しい性質を持っている．つまり，行列 **C** の非対角要素と **C**$_o$ について行和をとって，それに－1 を乗じた値が対角要素に入っている．例えば，(1,1) 要素には，**C** の非対角要素と **C**$_o$ の 1 行目の要素の和 $C_{12}+\alpha_o$ のマイナスをとった値が書き込まれている．これまた，コンピュータプログラムにコードするにすこぶる便利な性質である．

以上述べたシステム状態方程式の性質を知れば，実は（2.8）式以降，延々，確認してきた熱収支式を導出する必要はさらさらないことに気がつくであろう．これこそ，システム状態方程式で表現する最大のメリットなのである．つまり，各熱収支式を一々意識せずとも機械的に空間離散化式が得られるわけだ．これは驚くべきことである．

問題が与えられたとき，本例でいえば，図 2-4 の如き，空間離散化したブロック図をまず作成する．以下，流れをまとめると，

- 未知変数ベクトルはブロック図を決めた段階で自動的に決まる．
- 熱キャパシタンスマトリクス **M** は，空間離散化を検査体積法もしくは空間差分法によって行う場合には，対角要素にその離散化要素が代表する熱容量を入れればよい．
- 規定節点温度より構成されるベクトル $\boldsymbol{\theta}_o$ は自動的に定まる
- 規定温度節点との境界条件を表すマトリクス **C**$_o$ は以下の規則に従って構成すればよい．すなわち，i 番目の未知温度節点について，j 番目の温度規定節点と熱的関係があれば，(i,j) 要素にその輸送効率（コンダクタンス）を要素として書き込む．
- 熱コンダクタンスマトリクス **C** は，以下の規則に従って構成すればよい．すなわち，i 番目の未知温度節点と j 番目の未知温度節点との間に熱的関係があれば，(i,j) 要素にその輸送効率（コンダクタンス）を要素として書き込む．ただし，この操作は上三角要素についてのみ行い，下三角要素は転置をとってコピーすればよい．また，対角要素は **C** の非対角要素と **C**$_o$ の行和をとって，それに －1 を乗じた値が入る．

以上の基本構成ルールさえ知っていれば，与えられた問題は常に（2.18）式のシステム状態方程式表現に帰着され，再言するが，各個の熱収支式を一々意識する必要はない．また，上記ルールは，行和を取るだの，転置をカマすだの，コンピュータプログラムにするに好適な操作であり，汎用的なプログラムを作る上でも威力を発揮する．

2-5　時間離散化

システム状態方程式の美しさと普遍性を実感したところだが，まだ喜ぶのは早い．何となれば，（2.18）式はコンピュータが演算出来る最終的な形式にはなっていない．時間微分項が含まれているからだ．ここで，やおら時間離散化の登場となる．

（2.18）式の左辺については，はなしは単純で，無限小の時間 dt を有限小の時間 Δt に置き換える操作をすればよい．つまり，

$$\mathbf{M}\frac{d\mathbf{\theta}}{dt} = \frac{1}{\Delta t}\mathbf{M}(\mathbf{\theta}^{i+1}-\mathbf{\theta}^i) \tag{2.25}$$

である．上式右辺の右上付き添え字は，冪乗にあらずして，時間方向を離散的に見たときの $i+1$ 番目ステップ，i 番目ステップのベクトルの値であることを意味する．

（2.18）式の右辺については，やや面倒だ．なぜなら，右辺に表れる状態量であるベクトル $\mathbf{\theta}$，$\mathbf{\theta}_o$，$\mathbf{f}$ を上記の離散化した時間ステップのいつの時点，具体的には $i+1$ 番目ステップにとるのか，はたまた i 番目ステップにとるかを決めねばならないからだ．ここで，時間離散化スキームの違いが出てくる．つまり，時点を i 番目ステップにとれば前進差分となり，$i+1$ 番目ステップにとれば後退差分になる．後ほど詳述するが，その中間時点にとればクランク・ニコルソン差分になる．原理的には i 番目ステップと $i+1$ 番目ステップの間にあるどの時点にとってもよいわけだから，既述したように無限の差分スキームを定義することが出来るわけだ．

まず，前進差分について細かく見ていこう．（2.18）右辺の状態ベクトルの時点を i ステップにとると，以下を得る．

$$\frac{1}{\Delta t}\mathbf{M}(\mathbf{\theta}^{i+1}-\mathbf{\theta}^i) = \mathbf{C}\mathbf{\theta}^i + \mathbf{C}_o\mathbf{\theta}_o{}^i + \mathbf{f}^i$$

$$\Leftrightarrow \mathbf{\theta}^{i+1} = \left[\frac{1}{\Delta t}\mathbf{M}\right]^{-1}\left\{\left[\frac{1}{\Delta t}\mathbf{M}+\mathbf{C}\right]\mathbf{\theta}^i + \mathbf{C}_o\mathbf{\theta}_o{}^i + \mathbf{f}^i\right\} \tag{2.26}$$

同様にして，後退差分については，（2.18）右辺の状態ベクトルの時点を $i+1$ ステップにとると，以下を得る．

$$\mathbf{\theta}^{i+1} = \left[\frac{1}{\Delta t}\mathbf{M}-\mathbf{C}\right]^{-1}\left\{\left[\frac{1}{\Delta t}\mathbf{M}\right]\mathbf{\theta}^i + \mathbf{C}_o\mathbf{\theta}_o{}^{i+1} + \mathbf{f}^{i+1}\right\} \tag{2.27}$$

斯くて，1次元非定常熱伝導方程式（2.1）式は，時空間離散化が施され，今や完全に数

値解が得られる形式に表現された．なぜなら，(2.26), (2.27) 式を見ると，右辺には既知ベクトルである θ_0, $\mathbf{f}$ に関しては時点 $i+1$ ステップを含むが（これは気象データなどから参照してくるのでどの時点であろうが既知であり問題ない），未知変数ベクトル θ については前時間ステップである時点 i しか含まれていないからである．よって，数値計算をはじめるに当たって，初期条件ベクトル θ^0 さえあれば，右辺のベクトル・マトリクス演算を実行して，θ^1 が求まり，これを再び右辺の θ^i 部分に代入してやれば，θ^2 が求まる．初期条件ベクトルは，例えば，全節点温度 0℃ といった具合に適当に決めてやればよい．逐次計算により時間積分が実行されて，要は芋蔓式に時系列の未知変数ベクトルが求められていく，というわけだ．

ただし，初期条件の設定には注意が必要だ．解からかけ離れた値を初期条件にすると，その影響がなくなるまで多くの時間ステップを助走計算しなければならなくなる．「適当に決める」とはいい加減に決めるとの意味ではないのだ．熱容量がさほど大きくない壁体や建物を計算するならあまり気にする必要はないが，本例題のように熱容量がすこぶる大きい半無限地盤などを解析対象にする場合には，特に配慮が必要だ．いい加減な初期条件（例えば，全節点 100℃ など）から 1 月 1 日の午前 1 時の計算をはじめ 12 月 31 日の 24 時まで計算したとて，求まった各節点の温度は両者で不連続になるだろう．なぜなら前者には，いい加減な初期条件の影響が大きく残留しているからだ．となると，この 1 年で計算を止めることは出来ないわけで，同じ気象条件の元で 2 年目の計算をする必要がある．通常，前年最終時刻と年頭最初時刻の温度が滑らかな推移となるには，地盤の計算では数年から十年のオーダーの助走計算が必要になる．だから，予め不易層温度に当たりを付けて，これを初期条件として付与するなど工夫してやることで，計算時間を劇的に少なくするよう心がけたいところだ．以上のような計算をして，最終年度の解析結果を解とすることを**年周期定常計算**という．

さて，(2.26), (2.27) 式に戻ろう．両式右辺最初に表れるマトリクスを表記する［］に付されている −1 乗は，逆元の演算子，すなわち inverse を意味する．数値（スカラー）であれば，「逆元を採る」とは逆数を採ることを意味し，マトリクスであれば，逆行列を採ることを意味する[3]．ここで賢明な読者なら，(2.26) 式と (2.27) 式とを比べた場合，圧倒的に前者の方が計算の手間が少ないと気付くだろう．前進差分では $\left[\dfrac{1}{\Delta t}\mathbf{M}\right]$ の逆行列を採る必要があるわけだが，これは対角行列である．対角行列の逆行列は，各対角要素の逆数を採ればよい（両者の積をとれば明らかに単位行列になる）から[4]，掃き出し法など実際の計算

---

[3] 逆元の意味は，その元と逆元の積をとると単位元になるモノ．数値（スカラー）では単位元は 1，マトリクスでは単位行列 $\mathbf{E}$ である．単位元とは，その元に積演算を施すと，もとの元に一致するモノ．

コスト（時間）がかかるルーチンを呼び出す必要がないわけだ．では，良いこと尽くめかといえば左に非ず．後に詳述するが，前進差分では，発散せずに安定な数値解を得るために満たすべき条件が存在し，端的に言うと Δt をある値以下としなければならない．このことを粗く理解するには，以下のように説明すればよいだろう．将来のことを予測するのに，現時点での微分係数を差分近似して用いる状況を想定する．要するに直線近似だから，現時点からの外挿になる．だから，あまりに遠い将来のこと（Δt 大）は予言できないわけだ．

対して，後退差分では $\left[\dfrac{1}{\Delta t}\mathbf{M}-\mathbf{C}\right]$ は対角の両側に値のあるバンド行列になるので，逆行列は掃き出し法などを使ってまともに求めなければならない．計算は手間である．が，これも詳細は後に述べるけれど，前進差分のように，安定な数値解を得るために Δt をある値以下としなければならない等の条件は要請されない．数値解析では，数値解による離散化誤差の大小も気にはなるが，先ずもって解が発散するか，安定かの方が遙かに重大な関心事になる．その意味では，多少計算に手間がかかっても，発散のない後退差分がお薦めということになる．ところで，行列 $\mathbf{M}$ が対角行列なのは，空間離散化が検査体積法，空間差分法の場合である．これも後段詳述する有限要素法を空間離散化法とする場合，$\mathbf{M}$ には非対角要素が出現するので，時間離散化法を前進差分によったとて，逆行列を計算せずともよいとのメリットはなくなってしまう．

数値計算法のクラス分けで，**陽解**（Explicit）か**陰解**（Implicit）かとの概念がある．これは，本来，時間ステップを i から $i+1$ に進行させるときに逆行列を解く必要があるか否かの意味に解するべきなので，前進差分が常に陽解かと問われれば，そんなことはなくて，それは空間離散化法に依存するというべきである．再言になるが，空間離散化に有限要素法を適用するなら，時間離散化を前進差分によって行ったにしても，陽解とはいえず，陰解というべきである．

最後にクランク・ニコルソン差分の離散化式を導いておく．クランク・ニコルソン差分は中心差分だが，まず中心差分の意味を図2-6で確認しておこう．図は空間離散化に中心差分を適用する場合を想定している．離散点 j での微分係数を近似する場合，離散点 j と $j-1$ との空間勾配で近似する，j と $j+1$ との空間勾配で近似する

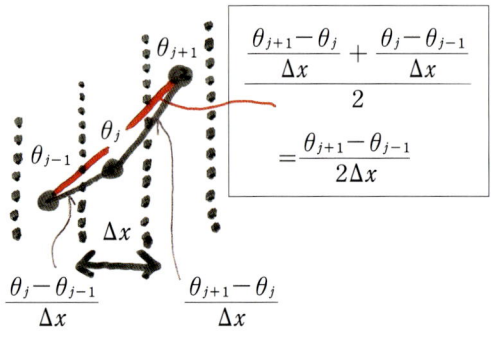

図2-6　空間中心差分の意味

---

[4] 地表面温度節点の $(1,1)$ 要素はゼロなので逆元が定義出来ない．よって，ここでの議論は，テンプレートとした例を離れて一般論として述べている．

との2様が考えられよう．中心差分とは，図中に示すようにこの両者の平均を採る考え方で，空間離散化幅が同一なら，結果として，離散点 $j-1$ と $j+1$ の勾配に一致する．

以上の考え方を（2.18）右辺に適用すると，以下を得る．

$$\frac{1}{\Delta t}\mathbf{M}(\boldsymbol{\theta}^{i+1}-\boldsymbol{\theta}^i) = \mathbf{C}\left\{\frac{1}{2}\boldsymbol{\theta}^i+\frac{1}{2}\boldsymbol{\theta}^{i+1}\right\}+\mathbf{C}_\mathrm{o}\left\{\frac{1}{2}\boldsymbol{\theta}_\mathrm{o}^i+\frac{1}{2}\boldsymbol{\theta}_\mathrm{o}^{i+1}\right\}+\left\{\frac{1}{2}\mathbf{f}^i+\frac{1}{2}\mathbf{f}^{i+1}\right\}$$

$$\Leftrightarrow \boldsymbol{\theta}^{i+1} = \left[\frac{1}{\Delta t}\mathbf{M}-\frac{1}{2}\mathbf{C}\right]^{-1}\left\{\left[\frac{1}{\Delta t}\mathbf{M}+\frac{1}{2}\mathbf{C}\right]\boldsymbol{\theta}^i+\mathbf{C}_\mathrm{o}\left\{\frac{1}{2}\boldsymbol{\theta}_\mathrm{o}^i+\frac{1}{2}\boldsymbol{\theta}_\mathrm{o}^{i+1}\right\}+\left\{\frac{1}{2}\mathbf{f}^i+\frac{1}{2}\mathbf{f}^{i+1}\right\}\right\}$$

(2.28)

クランク・ニコルソン差分も陰解法である．

（2.26）から（2.28）式をまとめ，前進，後退，クランク・ニコルソン差分を一括して表記すると，

$$\boldsymbol{\theta}^{i+1} = \left[\frac{1}{\Delta t}\mathbf{M}-k\mathbf{C}\right]^{-1}$$

$$\left\{\left[\frac{1}{\Delta t}\mathbf{M}+(1-k)\mathbf{C}\right]\boldsymbol{\theta}^i+\mathbf{C}_\mathrm{o}\{(1-k)\boldsymbol{\theta}_\mathrm{o}^i+k\boldsymbol{\theta}_\mathrm{o}^{i+1}\}+\{(1-k)\mathbf{f}^i+k\mathbf{f}^{i+1}\}\right\} \quad (2.29)$$

ここで，$k\in[0,1]$ の任意実数を採り得るが，特に $k=0$；前進差分，$k=1/2$；クランク・ニコルソン差分，$k=1$；後退差分である．

2-6 数値解の安定性

システム状態方程式を時間離散化した最終的表式（2.29）式を改めて眺めて欲しい．既述したように，次時間ステップの未知変数ベクトルは，現時間ステップのそれに，境界条件からの影響が混入して（(2.29) 式右辺の { } 内のベクトル和），逐次計算により求まる構造になっている．ここでは，この離散系で表現された熱システムの安定性を議論する．本質的議論のために境界条件の影響を無視して考えることにする．境界条件は，この離散系を外部から揺らしている影響を意味するので，系そのものの安定性を考える上では，当座棚上げしてよいわけだ．つまり，

$$(2.29) \Leftrightarrow \boldsymbol{\theta}^{i+1} = \mathbf{A}^{-1}\{\mathbf{B}\boldsymbol{\theta}^i+\mathbf{C}_\mathrm{o}\{(1-k)\boldsymbol{\theta}_\mathrm{o}^i+k\boldsymbol{\theta}_\mathrm{o}^{i+1}\}+\{(1-k)\mathbf{f}^i+k\mathbf{f}^{i+1}\}\}$$

$$\Leftrightarrow \boldsymbol{\theta}^{i+1} = \mathbf{A}^{-1}\mathbf{B}\boldsymbol{\theta}^i+\mathbf{A}^{-1}\{\mathbf{C}_\mathrm{o}\{(1-k)\boldsymbol{\theta}_\mathrm{o}^i+k\boldsymbol{\theta}_\mathrm{o}^{i+1}\}+\{(1-k)\mathbf{f}^i+k\mathbf{f}^{i+1}\}\}$$

$$\Leftrightarrow \boldsymbol{\theta}^{i+1} = \mathbf{T}\boldsymbol{\theta}^i+（境界条件によるこの系への熱的インパクト）$$

となって，上記した系そのものが本質的に有している影響は行列 $\mathbf{T} = \left[\frac{1}{\Delta t}\mathbf{M}-k\mathbf{C}\right]^{-1}\left[\frac{1}{\Delta t}\mathbf{M}+(1-k)\mathbf{C}\right] \equiv \mathbf{A}^{-1}\mathbf{B}$ で表されていることになる．この行列 $\mathbf{T} \equiv \mathbf{A}^{-1}\mathbf{B}$ を**遷移行列**（Transition matrix）という．時間推移の特性を意味しているからその名がある．上記の表記で3行目右辺第2項を無視すると，$\boldsymbol{\theta}^{i+1} = \mathbf{T}\boldsymbol{\theta}^i$ となるが，これはス

カラー漸化式では等比数列に相当することがわかるだろう．等比数列，
$$\{a_1, a_2, a_3, \cdots, a_n\} = \{a, ar, ar^2, \cdots, ar^{n-1}\} \Leftrightarrow a_n = r \cdot a_{n-1}$$
の一般項が発散せずに収束するための必要十分条件は？ 中学校の知識を思い出して欲しい．公比 r に関して $|r| \leq 1$ が成立することだった．ベクトル・マトリクスによる漸化式でも同様に考えればよい．ただし，遷移行列 $\mathbf{T}$ の大きさとは何で計量されるかが問題だ．些か，天下りの感があるが，それは $\mathbf{T}$ の **固有値**（Eigen value）である．一般に $n \times n$ 正方行列の固有値は n 個存在するので，その最大固有値の絶対値が 1 を超えないことが，その条件になることに同意できるだろう．すなわち，

$$|\mathrm{Max}[\mathrm{eigen}[\mathbf{T}]]| \leq 1 \quad (2.30)$$

である[5]．

以下では図 2-7 に示す壁体中に埋め込まれた 1 次元非定常熱伝導の系を例に具体的議論を進めよう．この系では，両側の壁体中の温度が既知の規定温度節点 θ_L と θ_R として拘束されている．その間の壁体を n 等分割している．空間離散化はこれまで同様，検査体積法による．この系のシステム状態方程式 (2.18) 式は，先述したベクトルおよびマトリクスの基本ルールに従えば，容易に以下の要素をもつことが理解されよう．

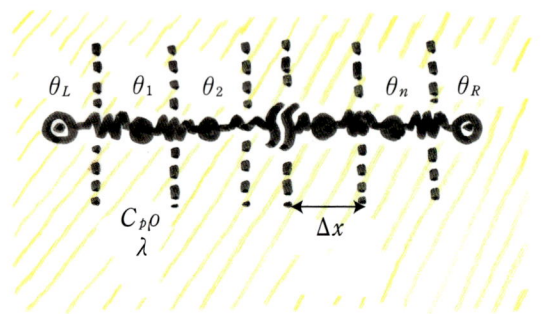

図 2-7 壁体中の熱伝導

$$\boldsymbol{\theta} = \begin{bmatrix} \theta_1 \\ \vdots \\ \theta_n \end{bmatrix}, \quad (2.31\text{-}1)$$

$$\mathbf{f} = \mathbf{0}, \quad (2.31\text{-}2) \qquad \mathbf{M} = \begin{bmatrix} C_p \rho \cdot \Delta x & & \\ & \ddots & \\ & & C_p \rho \cdot \Delta x \end{bmatrix}, \quad (2.31\text{-}3)$$

$$\mathbf{C} = \begin{bmatrix} -\dfrac{2\lambda}{\Delta x} & \dfrac{\lambda}{\Delta x} & & & \\ \dfrac{\lambda}{\Delta x} & -\dfrac{2\lambda}{\Delta x} & \dfrac{\lambda}{\Delta x} & & \\ & \ddots & \ddots & \ddots & \\ & & \dfrac{\lambda}{\Delta x} & -\dfrac{2\lambda}{\Delta x} & \dfrac{\lambda}{\Delta x} \\ & & & \dfrac{\lambda}{\Delta x} & -\dfrac{2\lambda}{\Delta x} \end{bmatrix}, \quad (2.31\text{-}4) \qquad \mathbf{C_o} = \begin{bmatrix} \dfrac{\lambda}{\Delta x} & 0 \\ 0 & 0 \\ \vdots & \vdots \\ 0 & 0 \\ 0 & \dfrac{\lambda}{\Delta x} \end{bmatrix}, \quad (2.31\text{-}5)$$

---

[5] ここでの議論は，厳密には数値解と厳密解との誤差の時間発展が元の方程式に従うことから導かれる．

$$\boldsymbol{\theta}_\mathrm{o} = \begin{bmatrix} \theta_L \\ \theta_R \end{bmatrix} \quad (2.31\text{-}6)$$

確認しておくと，壁体内に熱ソース（湧き出し；生成）やシンク（吸い込み）はないのでベクトル $\mathbf{f}$ はゼロベクトル．規定節点温度のベクトル $\boldsymbol{\theta}_\mathrm{o}$ はサイズ 2 の縦ベクトルである．

まず，時間離散化を前進差分による場合の遷移行列がどうなるか，上記のマトリクス要素を元に陽に書き下してみる．

$$\mathbf{T} = \mathbf{A}^{-1}\mathbf{B}$$

$$= \begin{bmatrix} \dfrac{C_p\rho \cdot \Delta x}{\Delta t} & & \\ & \ddots & \\ & & \dfrac{C_p\rho \cdot \Delta x}{\Delta t} \end{bmatrix}^{-1} \begin{bmatrix} \dfrac{C_p\rho \cdot \Delta x}{\Delta t} - \dfrac{2\lambda}{\Delta x} & \dfrac{\lambda}{\Delta x} & & & \\ \dfrac{\lambda}{\Delta x} & \dfrac{C_p\rho \cdot \Delta x}{\Delta t} - \dfrac{2\lambda}{\Delta x} & \dfrac{\lambda}{\Delta x} & & \\ & \ddots & \ddots & \ddots & \\ & & \dfrac{\lambda}{\Delta x} & \dfrac{C_p\rho \cdot \Delta x}{\Delta t} - \dfrac{2\lambda}{\Delta x} & \dfrac{\lambda}{\Delta x} \\ & & & \dfrac{\lambda}{\Delta x} & \dfrac{C_p\rho \cdot \Delta x}{\Delta t} - \dfrac{2\lambda}{\Delta x} \end{bmatrix}$$

$$= \begin{bmatrix} 1 - \dfrac{2\lambda\Delta t}{C_p\rho\Delta x^2} & \dfrac{\lambda\Delta t}{C_p\rho\Delta x^2} & & & \\ \dfrac{\lambda\Delta t}{C_p\rho\Delta x^2} & 1 - \dfrac{2\lambda\Delta t}{C_p\rho\Delta x^2} & \dfrac{\lambda\Delta t}{C_p\rho\Delta x^2} & & \\ & \ddots & \ddots & \ddots & \\ & & \dfrac{\lambda\Delta t}{C_p\rho\Delta x^2} & 1 - \dfrac{2\lambda\Delta t}{C_p\rho\Delta x^2} & \dfrac{\lambda\Delta t}{C_p\rho\Delta x^2} \\ & & & \dfrac{\lambda\Delta t}{C_p\rho\Delta x^2} & 1 - \dfrac{2\lambda\Delta t}{C_p\rho\Delta x^2} \end{bmatrix}$$

$$= \begin{bmatrix} 1-2r & r & & & \\ r & 1-2r & r & & \\ & \ddots & \ddots & \ddots & \\ & & r & 1-2r & 1r \\ & & & r & 1-2r \end{bmatrix} = \begin{bmatrix} 1 & & \\ & \ddots & \\ & & 1 \end{bmatrix} + r\begin{bmatrix} -2 & 1 & & & \\ 1 & -2 & 1 & & \\ & \ddots & \ddots & \ddots & \\ & & 1 & -2 & 1 \\ & & & 1 & -2 \end{bmatrix}$$

$$= \mathbf{E} + r\mathbf{F} \tag{2.32}$$

ここで，$r = \dfrac{\lambda\Delta t}{C_p\rho\Delta x^2}$，$\mathbf{E}$ は単位行列である．ところで，$n \times n$ 正方バンド行列である $\mathbf{F}$ の固有値は，$-4\sin\left[\dfrac{t\pi}{2n}\right]$（ただし，$t = 1, 2, \cdots, n$）であることがわかっている．また，「マトリクス $\mathbf{D}$ の固有値 λ_D がわかっているとき，$\mathbf{D}$ の関数 $f(\mathbf{D})$ の固有値は $f(\lambda_D)$ である」ことを適用すると，求めるべき遷移行列 $\mathbf{T}$ の固有値は，

$$\lambda_t = 1 - 4r\sin\left[\dfrac{t\pi}{2n}\right] \qquad \text{ただし，}t = 1, 2, \cdots, n \tag{2.33}$$

となる．(2.30) 式を満たすためには，$\left|1-4r\sin\left[\dfrac{t\pi}{2n}\right]\right|\leq 1$ を要請するから，本例題における時間離散化を前進差分による場合の数値解の**安定条件**（Stability condition）として以下を得る．

$$\Delta t \leq \frac{C_p \rho \Delta x^2}{2\lambda} \tag{2.34}$$

以下，時間離散化を後退差分，クランク・ニコルソン差分によった場合の安定条件を吟味していく．

まず，後退差分では，

$$\mathbf{T} = \mathbf{A}^{-1}\mathbf{B} = \left[\left[\frac{1}{\Delta t}\mathbf{M}\right]^{-1}\left[\frac{1}{\Delta t}\mathbf{M} - \mathbf{C}\right]\right]^{-1} = [\mathbf{E} - r\mathbf{F}]^{-1} \tag{2.35}$$

となり，遷移行列の固有値として，

$$\lambda_t = \frac{1}{1 + 4r\sin\left[\dfrac{t\pi}{2n}\right]} \tag{2.36}$$

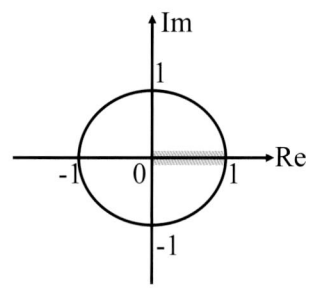

図2-8 後退差分の遷移行列固有値

を得る．逆元の操作は，行列演算では逆行列をとることだが，スカラー演算では逆数をとることに相当することを使っている（17ページ脚注参照）．(2.36) 式は常に $0 \leq \lambda_t \leq 1$ を満たす．つまり，時間離散化に後退差分を適用すると，どんなに Δt を大きくとっても，発散することはなく，数値解は常に安定である．もっと言うと，ここでの結果，すなわち固有値が必ず正値かつ1以下であるとは，絶対値が1を超えないことより強い条件である．行列の固有値は一般に複素数で表記出来るから，(2.36) 式をガウス（Gauss）の複素平面上に描くと，図2-8のようになる．本来，遷移行列の固有値の大きさが1を超えないことは，複素平面上の単位円内に全ての固有値が収まることを要請している．後退差分では，図中に示すように実数軸上の正値の範囲にしか，遷移行列の固有値は存在しないことを言っている．Re＜0の固有値をもたないことは，次に述べるクランク・ニコルソン差分との大きな違いである．また，次節で述べるが，このクランク・ニコルソン差分の負の固有値を持つ性質が，数値的発散には至らないが，物理的にはあり得ない「振動する数値解」を出現させる．従って，後退差分は収束性に関して絶対安定性が保証され，かつ数値的な振動も生じない，まことにクセのない良好な差分スキームであるといえよう．

次に，クランク・ニコルソン差分では，

$$\mathbf{T} = \mathbf{A}^{-1}\mathbf{B} = \left[\frac{1}{\Delta t}\mathbf{M} - \frac{1}{2}\mathbf{C}\right]^{-1}\left[\frac{1}{\Delta t}\mathbf{M} + \frac{1}{2}\mathbf{C}\right]$$

$$= \left[\frac{2}{\Delta t}\mathbf{M} - \mathbf{C}\right]^{-1} \left[\frac{2}{\Delta t}\mathbf{M} + \mathbf{C}\right]$$

$$= \left[\left[\frac{1}{\Delta t}\mathbf{M}\right]^{-1} \left[\frac{2}{\Delta t}\mathbf{M} - \mathbf{C}\right]\right]^{-1} \left[\frac{1}{\Delta t}\mathbf{M}\right]^{-1} \left[\frac{2}{\Delta t}\mathbf{M} + \mathbf{C}\right]$$

$$= [2\mathbf{E} - r\mathbf{F}]^{-1}[2\mathbf{E} + r\mathbf{F}] \tag{2.37}$$

となり，遷移行列の固有値として，

$$\lambda_t = \frac{2 - 4r\sin\left[\frac{t\pi}{2n}\right]}{2 + 4r\sin\left[\frac{t\pi}{2n}\right]} \tag{2.38}$$

を得る．これはつねに $-1 \leq \lambda_t \leq 1$ を満たす．つまり，後退差分同様，クランク・ニコルソン差分でも，どんなに Δt を大きくとっても，発散することはなく，数値解の収束性は保証されているわけである．が，図2-8同様に，(2.38) 式をガウスの複素平面に描くと図2-9のようになり，クランク・ニコルソン差分では，遷移行列の固有値がRe＜0の範囲に存在する可能性がある．これは次節で述べる数値解の空間方向の振動，時間方向の振動の原因となる．

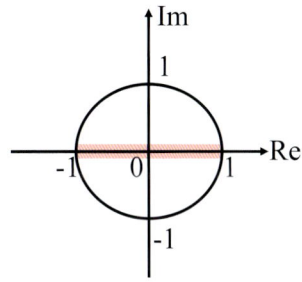

図2-9　クランク・ニコルソン差分の遷移行列固有

2-7　数値解の振動

結局，システム状態方程式の時間離散化後の表式 (2.29) 式において k が 1/2 以上であれば，(2.30) 式は満たされる，つまり，数値解が発散することなく収束することが保証される．

では，遷移行列 $\mathbf{T}$ の固有値がRe＜0に存在することはどんな意味があるのだろうか？

クランク・ニコルソン差分とて，(2.30) 式の収束条件を常に満たすことが証されたわけだから，時間方向の差分近似が中心差分（図2-6）であるとのもっともらしい点をメリットと見れば，後退差分よりベターなのではないか，と思うだろう．が，結論を言うと，左に非ず．時間離散化には後退差分を使うに如かずというのが著者の経験である．

図2-10のような初期0℃に保持された単層壁が，$t = 0$ で，壁体の右側境界を瞬時に100℃一定に拘束される1次元非定常熱伝導を考えよう．図の上パネルが初期条件，下パネルが無限時間経過後の定常温度分布である．この問題を時間離散化にク

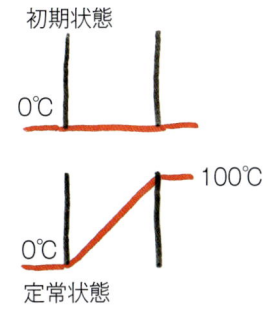

図2-10　単層壁の温度分布の解析例；
（上）が初期状態，
（下）が定常状態

ランク・ニコルソン差分を適用して数値解を求めてみると，どんなことが起きるか？ もちろん，前節で証明したように安定性は保証されているので，数値解が時間 t の経過とともに破綻して，発散に至るような事態は生じない．だが，遷移行列 **T** の固有値が Re＜0 にあることが利いて，些か不都合なことが起きる可能性がある．図 2-11 を見て貰いたい．この例題では，任意の時間にあって，右側にある任意ポイントの温度は，それより左側にある任意ポイントの温度よりも必ず高くなる筈だ．

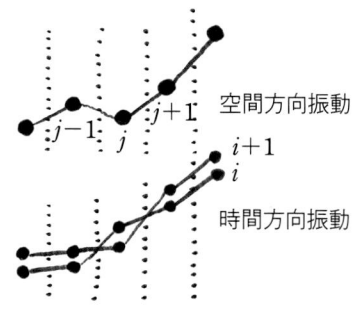

図 2-11　数値解の振動

なぜなら，初期 0℃ に拘束されていたわけだから，熱流は 100℃ に拘束されている右側から左側に流れ，温度分布は必ず右側が高温となるからだ．だが，クランク・ニコルソン差分を用いると，図 2-11 上パネルのような振動が起きることがある．これを**空間方向の数値振動**という．また，時間方向で見ると，任意ポイントの温度は，それ以前の同ポイントの温度より必ず高くなる筈だ．しかし，クランク・ニコルソン差分を用いると，図 2-11 下パネルのような振動が起きることがある．これを**時間方向の数値振動**という．数値振動は遷移行列の固有値に負値があることに起因するが，最大固有値の絶対値が 1 を超えなければ発散に至ることはない．つまり，何れの数値振動も過渡的なもので，定常に近づくにつれ，数値解は定常温度分布に漸近していく．だから，大きな問題ではないともいえるけれど，少なくとも過渡的には物理的にあり得ない数値解となるのだから，出来れば避けたい事態であることは間違いないだろう．

　数値解を得る場合，空間離散化や時間離散化の誤差がどの程度になるかは重大な関心事だ．許容出来る離散化誤差内で，出来るだけ時間離散化幅 Δt を大きく採って，効率的に時間積分を行いたいのが人情だ．誤差がいかほどかも，勿論，大切なのだが，そもそも数値解が発散するのか安定なのか，物理的にあり得ないような数値解を出すのか否かといった点の方が遙かに重大な問題だろう．1 回数万円の大きなジョブをスパコンに流して，結局，チョンボだったと云うのでは泣くになけない．その点からしても，離散化法を何によるかは慎重に吟味すべきで，少なくとも時間離散化法についていうと安定で，振動に対してもロバストな後退差分を用いるに如かずといえる．

2-8　von Neumann の安定性解析

　前節の数値解の収束性，安定性の議論は，システム状態方程式の時間離散化式がスカラーでいえば等比数列と同相で，その収束条件がどうなるかとの直感的理解から説き起こしたものであった．ここでは，やや直感的理解の平易さという点では難があるが，数学的手続きに

よって規則的な議論が可能となる von Neumann の**安定性解析**について説明する.

天下りだが,その具体的段取りを以下に示す.空間方向,時間方向に離散化された離散化式が今与えられているとする.変数を ϕ とする.

(1) 変数 ϕ に対して時間離散化ステップを右上付き添え字 n で,空間離散化ステップを右下付添え字 i で ϕ_i^n のように表す.

(2) 以下に基づき全ての離散化変数について,空間方向の**離散フーリエ変換**（Discrete Fourier Transform）を施す.

$$\phi_i^n = V^n \exp[Ik(i \cdot \Delta x)] = V^n \exp[Ii\omega] \tag{2.39}$$

ここで,I；虚数単位,k；波数,ω；位相角（$= k \cdot \Delta x$）である.

為念,言っておくと,時空間方向の離散フーリエ変換は,

$$\phi_i^n = V^n \exp[I(k_{space} i \Delta x - k_{time} n \Delta t)] \tag{2.40}$$

である.

(3) 変換後の離散化式を代数的に解いて,$V^{n+1} = G \cdot V^n$ の形式に整理する.ここで,G を**増幅係数**という.

(4) 離散化式の安定条件は,任意の位相角に対して,以下が成立することである.

$$|G| \leq 1 \text{ or } G \cdot \overline{G} \leq 1 \tag{2.41}$$

ここで,$\overline{G}$ は G の共役複素数である.

【例題】移流方程式；$\dfrac{\partial \phi}{\partial t} + u \dfrac{\partial \phi}{\partial x} = 0$ について,空間離散化に中心差分,時間離散化に後退差分を用いる数値解の安定性について吟味せよ.

[解答] 空間離散化を中心差分,時間離散化を後退差分とするスキームを BTSC（Backward Euler in Time Centered Space）と表す.

クランク・ニコルソン差分の説明で用いた図2-6を参照して,空間方向中心差分がどんな形式になるかを考える.離散化式は,

$$\frac{\phi_i^{n+1} - \phi_i^n}{\Delta t} + u \frac{\phi_{i+1}^{n+1} - \phi_{i-1}^{n+1}}{2\Delta x} = 0$$

となる.ここで,離散フーリエ変換を施す.すなわち,$\phi_i^n = V^n \exp[Ii\omega]$,$\phi_i^{n+1} = V^{n+1} \exp[Ii\omega]$,$\phi_{i+1}^{n+1} = V^{n+1} \exp[I(i+1)\omega]$,$\phi_{i-1}^{n+1} = V^{n+1} \exp[I(i-1)\omega]$ である.

以上を上記離散化式に代入して,

$$V^{n+1} \exp[Ii\omega] - V^n \exp[Ii\omega] + \frac{u\Delta t}{2\Delta x}[V^{n+1} \exp[I(i+1)\omega] - V^{n+1} \exp[I(i-1)\omega]] = 0$$

クーラン（Courant）数；$C = \dfrac{u\Delta t}{\Delta x}$ を用いて整理すると,

$$\left[1+\frac{C}{2}(\exp[Ii\omega]-\exp[-Ii\omega])\right]V^{n+1} = V^n$$

$$\Leftrightarrow G = \frac{1}{1+IC\sin\omega} = \frac{1-IC\sin\omega}{1+C^2\sin^2\omega}$$

となる．上の式で2つ目の等号の左側から右側への変形では，分母の実数化を行っているが，その際，**三角関数の定義**，

$$\sin\theta \equiv \frac{\exp(I\theta)-\exp(-I\theta)}{2I},\quad \cos\theta \equiv \frac{\exp(I\theta)+\exp(-I\theta)}{2},\quad \sin^2\theta+\cos^2\theta = 1$$

を使っている．ついでに，上記と対になっている**双曲線関数の定義**，

$$\sinh\theta \equiv \frac{\exp(\theta)-\exp(-\theta)}{2},\quad \cosh\theta \equiv \frac{\exp(\theta)+\exp(-\theta)}{2},\quad \cosh^2\theta-\sinh^2\theta = 1$$

も記憶しておいて欲しい．

よって，

$$|G| = \frac{\sqrt{1+C^2\sin^2\omega}}{1+C^2\sin^2\omega} = \frac{1}{\sqrt{1+C^2\sin^2\omega}} \leq 1$$

なる関係を得る．増幅係数 G の大きさをガウスの複素平面に描けば，図2-12のようになる．

以上から，この離散化式は安定であることが示された．

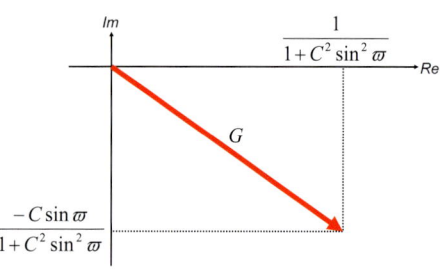

図2-12　例題の複素平面上における G

以下では1次元非定常熱伝導方程式（2.1）式にもどって，von Neumann の安定性解析を適用してみよう．空間離散化には検査体積法もしくは空間差分法を適用すると仮定する．

まず，時間離散化に前進差分を用いた場合．離散化式は，

$$\frac{\theta_i^{n+1}-\theta_i^n}{\Delta t} = \frac{\lambda}{C_p\rho}\frac{\frac{\theta_{i+1}^n-\theta_i^n}{\Delta x}-\frac{\theta_i^n-\theta_{i-1}^n}{\Delta x}}{\Delta x}$$

$$\Leftrightarrow \frac{\theta_i^{n+1}-\theta_i^n}{\Delta t} = \frac{\lambda}{C_p\rho}\frac{\theta_{i+1}^n-2\theta_i^n+\theta_{i-1}^n}{\Delta x^2} \tag{2.42}$$

2.5節を精読している読者には，ごく見慣れた式変形だろう．これに離散フーリエ変換を施すと，

$$\frac{1}{\Delta t}[V^{n+1}\exp(Ii\omega)-V^n\exp(Ii\omega)] =$$

$$\frac{\lambda}{C_p\rho\Delta x^2}[V^n\exp(I(i+1)\omega)-2V^n\exp(Ii\omega)+V^n\exp(I(i-1)\omega)]$$

$$\Leftrightarrow V^{n+1} = \left[1+\frac{\lambda\Delta t}{C_p\rho\Delta x^2}[-2+\exp(I\omega)+\exp(-I\omega)]\right]V^n \tag{2.43}$$

増幅係数は，
$$G = 1 - 2\frac{\lambda \Delta t}{C_p \rho \Delta x^2}(1 - \cos\omega) \tag{2.44}$$

$|G| \leq 1$ を満たすために，以下の安定条件を得る．
$$\frac{\lambda \Delta t}{C_p \rho \Delta x^2} \leq \frac{1}{2} \tag{2.45}$$

当たり前のことだが，これは（2.34）式に一致している．安定な数値解を得るためには，無闇矢鱈と大きな Δt は採り得ないことを主張している．

続いて，時間離散化に後退差分を用いた場合を考える．離散化式は，
$$\frac{\theta_i^{n+1} - \theta_i^n}{\Delta t} = \frac{\lambda}{C_p \rho} \frac{\theta_{i+1}^{n+1} - 2\theta_i^{n+1} + \theta_{i-1}^{n+1}}{\Delta x^2} \tag{2.46}$$

離散フーリエ変換を施すと，
$$\frac{1}{\Delta t}[V^{n+1}\exp(Ii\omega) - V^n\exp(Ii\omega)] =$$
$$\frac{\lambda}{C_p \rho \Delta x^2}[V^{n+1}\exp(I(i+1)\omega) - 2V^{n+1}\exp(Ii\omega) + V^{n+1}\exp(I(i-1)\omega)]$$
$$\Leftrightarrow \left[1 - \frac{\lambda \Delta t}{C_p \rho \Delta x^2}[-2 + \exp(I\omega) + \exp(-I\omega)]\right]V^{n+1} = V^n \tag{2.47}$$

$V^{n+1} = G \cdot V^n$ の形式に整理すると，増幅係数は，
$$G = \frac{1}{1 + 2\frac{\lambda \Delta t}{C_p \rho \Delta x^2}(1 - \cos\omega)} \tag{2.48}$$

を得る．分母が1以上の実数値をとることは自明なので，$|G| \leq 1$ は必ず満たされる．ゆえに常に安定であることが示された．

最後に，時間離散化にクランク・ニコルソン差分を用いた場合を考えよう．離散化式は，
$$\frac{\theta_i^{n+1} - \theta_i^n}{\Delta t} = \frac{\lambda}{2C_p \rho \Delta x^2}[\theta_{i+1}^{n+1} + \theta_{i-1}^{n+1} - 2\theta_i^{n+1} + \theta_{i+1}^n + \theta_{i-1}^n - 2\theta_i^n] \tag{2.49}$$

離散フーリエ変換を施すと，
$$\frac{1}{\Delta t}[V^{n+1}\exp(Ii\omega) - V^n\exp(Ii\omega)] = \frac{\lambda}{2C_p \rho \Delta x^2}[V^{n+1}\exp(I(i+1)\omega) - 2V^{n+1}\exp(Ii\omega)$$
$$+ V^{n+1}\exp(I(i-1)\omega) + V^n\exp(I(i+1)\omega) - 2V^n\exp(Ii\omega) + V^n\exp(I(i-1)\omega)]$$
$$\Leftrightarrow \left[1 - \frac{\lambda \Delta t}{2C_p \rho \Delta x^2}[-2 + \exp(I\omega) + \exp(-I\omega)]\right]V^{n+1}$$
$$= V^n\left[1 + \frac{\lambda \Delta t}{2C_p \rho \Delta x^2}[-2 + \exp(I\omega) + \exp(-I\omega)]\right] \tag{2.50}$$

$V^{n+1} = G \cdot V^n$ の形式に整理すると，増幅係数は，

$$G = \frac{1 - \dfrac{\lambda \Delta t}{C_p \rho \Delta x^2}(1-\cos\omega)}{1 + \dfrac{\lambda \Delta t}{C_p \rho \Delta x^2}(1-\cos\omega)} \tag{2.51}$$

を得る.分母の絶対値が分子の絶対値より大きいことは自明なので,$|G| \leq 1$ は必ず満たされる.ゆえに常に安定であることが示された.しかし,この増幅係数は $\text{Re} < 0$ となる場合があるので,数値解の収束性は保証されても,前節で述べた振動をする可能性が示唆される.

2-9 適用の事例

本節では3つの具体的例題を説明しよう.いずれも図示する熱システムを検査体積法で空間離散化するとき,システム状態方程式の各ベクトル,マトリクスを陽に書けとの問題である.

【例題1】 図2-13に示す,両側に対流熱伝達境界がある壁体内熱伝導問題である.単層壁を2等分割して,両側表面には熱容量なしの節点を設ける.

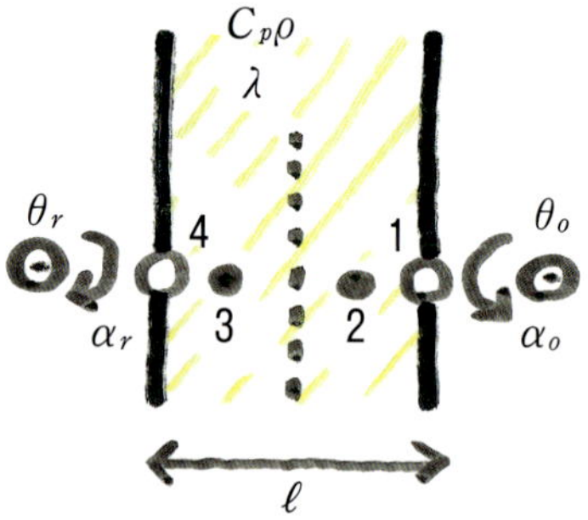

[解答] システム状態方程式を再掲すると,

$$\mathbf{M}\frac{d\boldsymbol{\theta}}{dt} = \mathbf{C}\boldsymbol{\theta} + \mathbf{C}_o\boldsymbol{\theta}_o + \mathbf{f}.$$

ここで,各ベクトル,マトリクス要素は図2-13から以下となる.

図2-13 例題1の熱システム

未知温度節点ベクトル;$^T\boldsymbol{\theta} = [\theta_1 \quad \theta_2 \quad \theta_3 \quad \theta_4]$.

熱キャパシタンスマトリクス;$\mathbf{M} = \begin{bmatrix} 0 & & & \\ & \dfrac{C_p\rho\cdot\ell}{2} & & \\ & & \dfrac{C_p\rho\cdot\ell}{2} & \\ & & & 0 \end{bmatrix}.$

規定温度節点との境界条件を表すベクトル・マトリクス積;

$$\mathbf{C}_o = \begin{bmatrix} \alpha_o & & \\ & & \\ & & \\ & & \alpha_r \end{bmatrix}, \qquad \boldsymbol{\theta}_o = \begin{bmatrix} \theta_o \\ \theta_r \end{bmatrix}.$$

熱フラックスを付与する境界条件ベクトル；$\mathbf{f} = \mathbf{0}$.

熱コンダクタンスマトリクス；$\mathbf{C} = \begin{bmatrix} -\frac{\lambda}{\ell/2}-\alpha_o & \frac{\lambda}{\ell/2} & & \\ \frac{\lambda}{\ell/2} & -\frac{3\lambda}{\ell} & \frac{\lambda}{\ell} & \\ & \frac{\lambda}{\ell} & -\frac{3\lambda}{\ell} & \frac{\lambda}{\ell/2} \\ & & \frac{\lambda}{\ell/2} & -\frac{\lambda}{\ell/2}-\alpha_r \end{bmatrix}$.

【例題2】図2-14に示す，外気をファンで導入する単室モデルを考える．空気の流動，すなわち換気により室内空気は外気の温度の影響を受ける．換気量はQ [m³/s]である．単室の体積，壁体表面積は図の通り．壁体の物性は図のごとく，また，空気の容積比熱は$(C_p\rho)_{air}$ [J/(m³K)]とする．
（ヒント）節点番号6の室内空気（θ_r）の熱収支式を別途考えよ．

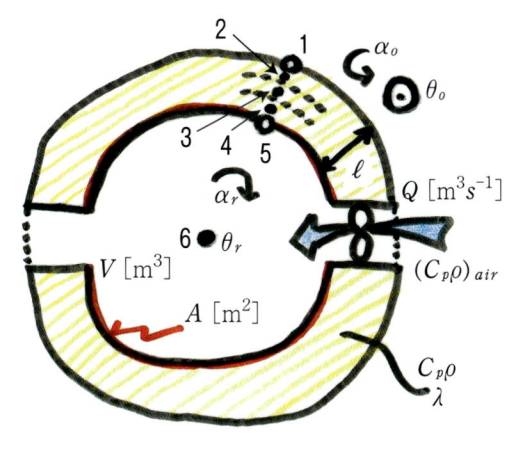

図2-14　例題2の熱システム

[解答]
未知温度節点ベクトル；${}^T\boldsymbol{\theta} = [\theta_1 \quad \theta_2 \quad \theta_3 \quad \theta_4 \quad \theta_5 \quad \theta_r]$.
熱フラックスを付与する境界条件ベクトル；$\mathbf{f} = \mathbf{0}$.

熱キャパシタンスマトリクス；$\mathbf{M} = \begin{bmatrix} 0 & & & & & \\ & \frac{C_p\rho\ell A}{3} & & & & \\ & & \frac{C_p\rho\ell A}{3} & & & \\ & & & \frac{C_p\rho\ell A}{3} & & \\ & & & & 0 & \\ & & & & & V(C_p\rho)_{air} \end{bmatrix}$.

この問題は壁体内の1次元熱伝導と室の熱収支を同時に取り扱うので，熱キャパシタンスマトリクス中の体積は，これまでのように暗に表面積を1m²とし，厚みだけで代表させることは出来ない．壁体内の離散化要素，加えて室の体積が顕わな形で表されていることに注意．

規定温度節点との境界条件を表すベクトル・マトリクス積は以下の構成；

$$\mathbf{C_o} = \begin{bmatrix} \alpha_o A \\ 0 \\ 0 \\ 0 \\ 0 \\ Q(C_p\rho)_{air} \end{bmatrix}, \quad \boldsymbol{\theta_o} = [\theta_o].$$

$Q(C_p\rho)_{air}$ は外気と室温度節点との換気による熱コンダクタンスを表している．単位は $[m^3/s][J/(m^3 K)] = [W/K]$ である．下記の熱コンダクタンスマトリクス中の各要素と同次元（例えば，対流熱伝達率に面積を乗じた次元と同一）を有することに留意．

熱コンダクタンスマトリクス；

$$\mathbf{C} = \begin{bmatrix} -\dfrac{\lambda A}{\ell/6}-\alpha_o A & \dfrac{\lambda A}{\ell/6} & & & & \\ \dfrac{\lambda A}{\ell/6} & -\dfrac{9\lambda A}{\ell} & \dfrac{\lambda A}{\ell/3} & & & \\ & \dfrac{\lambda A}{\ell/3} & -\dfrac{6\lambda A}{\ell} & \dfrac{\lambda A}{\ell/3} & & \\ & & \dfrac{\lambda A}{\ell/3} & -\dfrac{9\lambda A}{\ell} & \dfrac{\lambda A}{\ell/6} & \\ & & & \dfrac{\lambda A}{\ell/6} & -\dfrac{\lambda A}{\ell/6}-\alpha_r A & \alpha_r A \\ & & & & \alpha_r A & -\alpha_r A - Q(C_p\rho)_{air} \end{bmatrix}.$$

熱キャパシタンスマトリクスのところで説明したが，これまでのように1次元を前提にした立式ではなく，壁面の面積をきちんとカウントする必要がある．例えば，$\dfrac{\lambda A}{\ell/6}$ の次元は，$[W/(mK)][m^2]/[m] = [W/K]$ となり，上記 $Q(C_p\rho)_{air}$ の次元と一致していることを確認せよ．理解不全の読者は，上記したベクトルとマトリクスをシステム状態方程式に代入して，各温度節点における熱収支式に変形してみよ．特に<u>室の熱収支式右辺が，壁との熱伝達と外気からの換気により駆動され，室温度の変動が生じているとの表式になっている</u>ことを確認して欲しい．

【例題3】例題2で登場した「かまくら」のような単室がダブルで連結されていて，ファンで外気→1室→2室に換気されている例である（図2-15）．

[解答] 1室壁体内温度節点，1室の室温度節点，2室壁体内温度節点，2室の室温度節点の順に未知温度節点番号を振る．すなわち，

第 2 章　線形システムの解析法　　　　　　　　　　　　　　　　　　　　　　　　*31*

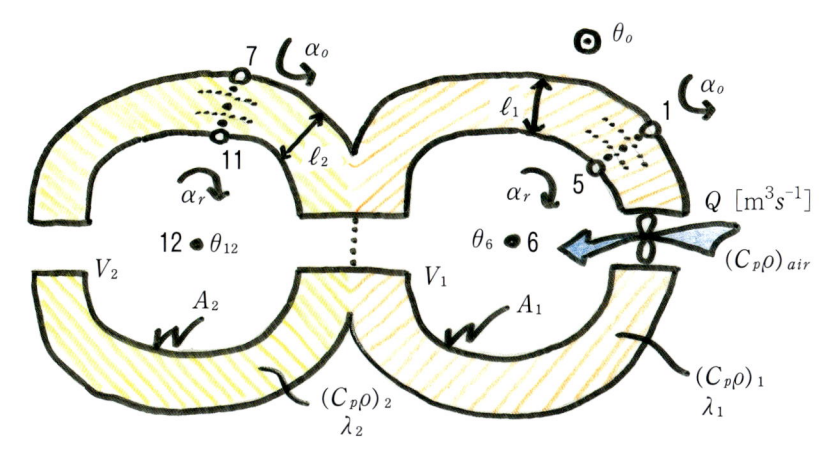

図 2-15　例題 3 の熱システム

未知温度節点ベクトル；$^T\boldsymbol{\theta} = [\theta_1 \ \cdots \ \theta_5 \ \theta_6 \ \theta_7 \ \cdots \ \theta_{11} \ \theta_{12}]$.
熱フラックスを付与する境界条件ベクトル；$\mathbf{f} = \mathbf{0}$.
熱キャパシタンスマトリクスは以下となる．

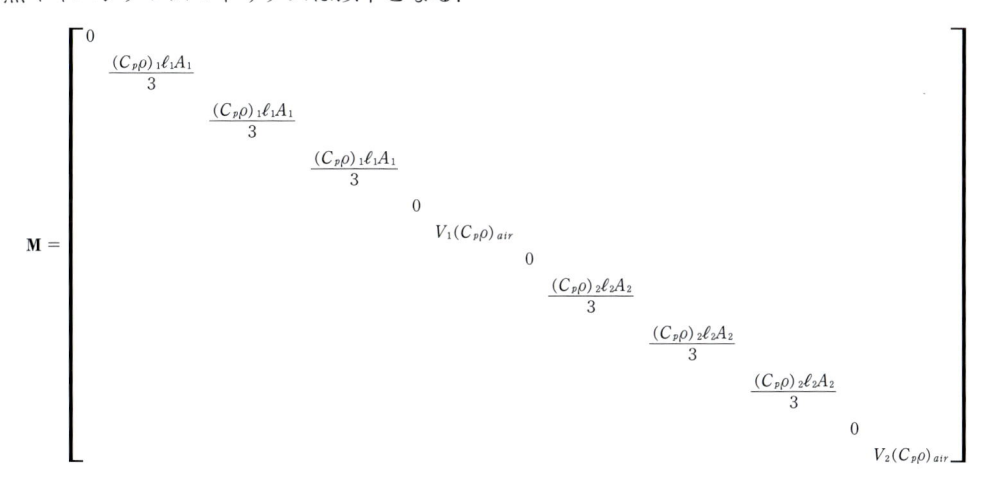

$$\mathbf{M} = \begin{bmatrix} 0 & & & & & & & & & & & \\ & \frac{(C_p\rho)_1 \ell_1 A_1}{3} & & & & & & & & & & \\ & & \frac{(C_p\rho)_1 \ell_1 A_1}{3} & & & & & & & & & \\ & & & \frac{(C_p\rho)_1 \ell_1 A_1}{3} & & & & & & & & \\ & & & & 0 & & & & & & & \\ & & & & & V_1(C_p\rho)_{air} & & & & & & \\ & & & & & & 0 & & & & & \\ & & & & & & & \frac{(C_p\rho)_2 \ell_2 A_2}{3} & & & & \\ & & & & & & & & \frac{(C_p\rho)_2 \ell_2 A_2}{3} & & & \\ & & & & & & & & & \frac{(C_p\rho)_2 \ell_2 A_2}{3} & & \\ & & & & & & & & & & 0 & \\ & & & & & & & & & & & V_2(C_p\rho)_{air} \end{bmatrix}$$

規定温度節点との境界条件を表すベクトル・マトリクス積；
$^T\mathbf{C_o} = [\alpha_o A_1 \ \ 0 \ \ 0 \ \ 0 \ \ 0 \ \ Q(C_p\rho)_{air} \ \ \alpha_o A_2 \ \ 0 \ \ 0 \ \ 0 \ \ 0 \ \ 0], \ \boldsymbol{\theta_o} = [\theta_o]$.

以上は例題 2 を拡張すれば理解可能だと思われる．問題なのは，熱コンダクタンスマトリクスで，12 × 12 の大きな行列なので，次ページに見開きで表示している．図 2-15 で 1 室，2 室の壁体をそれぞれ橙色と黄色で表現したが，マトリクス中の壁体熱伝導部分も同色でハッチしている．6 行と 12 行が 1 室と 2 室の熱収支にかかわる要素である．この例題で，最も重要な点は，(12, 6) 要素，すなわち第 12 節点（2 室の室温節点）への第 6 節点（1 室の室温節点）の熱的影響としては，換気のコンダクタンス $Q(C_p\rho)_{air}$ が書き込まれている

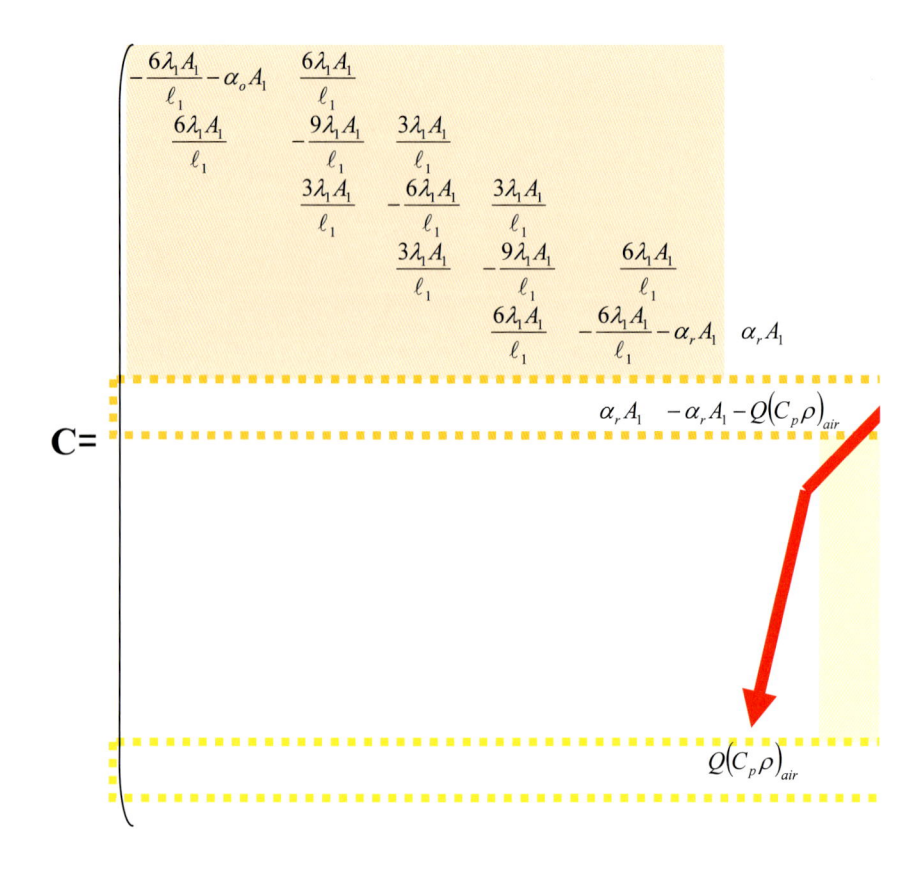

$$C = \begin{pmatrix} -\dfrac{6\lambda_1 A_1}{\ell_1} - \alpha_o A_1 & \dfrac{6\lambda_1 A_1}{\ell_1} & & & & & \\ \dfrac{6\lambda_1 A_1}{\ell_1} & -\dfrac{9\lambda_1 A_1}{\ell_1} & \dfrac{3\lambda_1 A_1}{\ell_1} & & & & \\ & \dfrac{3\lambda_1 A_1}{\ell_1} & -\dfrac{6\lambda_1 A_1}{\ell_1} & \dfrac{3\lambda_1 A_1}{\ell_1} & & & \\ & & \dfrac{3\lambda_1 A_1}{\ell_1} & -\dfrac{9\lambda_1 A_1}{\ell_1} & \dfrac{6\lambda_1 A_1}{\ell_1} & & \\ & & & \dfrac{6\lambda_1 A_1}{\ell_1} & -\dfrac{6\lambda_1 A_1}{\ell_1} - \alpha_r A_1 & \alpha_r A_1 & \\ & & & & \alpha_r A_1 & -\alpha_r A_1 - Q(C_p\rho)_{air} & \\ & & & & & & Q(C_p\rho)_{air} \end{pmatrix}$$

が，その対称要素である（6,12）要素，すなわち第 6 節点への第 12 節点の熱的影響を表す箇所はゼロになっていることだ．これは両室の熱収支式を考えてみれば納得されようが，ファンにより流動が規定されている換気により，2 室は上流側である 1 室からの影響を受けるが，1 室は下流側である 2 室の影響は受けないということを表している．斯くて，原則的には対称行列であると説明してきた熱コンダクタンスマトリクス **C** の対称性の例外が生じたわけだ．このように熱の伝搬する向きが双方向でなく，一方に規定されている場合（電気回路でいうダイオードのような規制が課されている場合）には **C** は下三角要素，もしくは上三角要素にしか要素を持たないことになる．

2-10 放射熱伝達の線形化

本節で説明する**放射熱伝達の線形化**は本質からやや逸れる小ネタ的内容である．だが，熱コンダクタンスマトリクスの対称性に関連する重要な事項なので，サボらず精読して欲しい．

第 2 章　線形システムの解析法

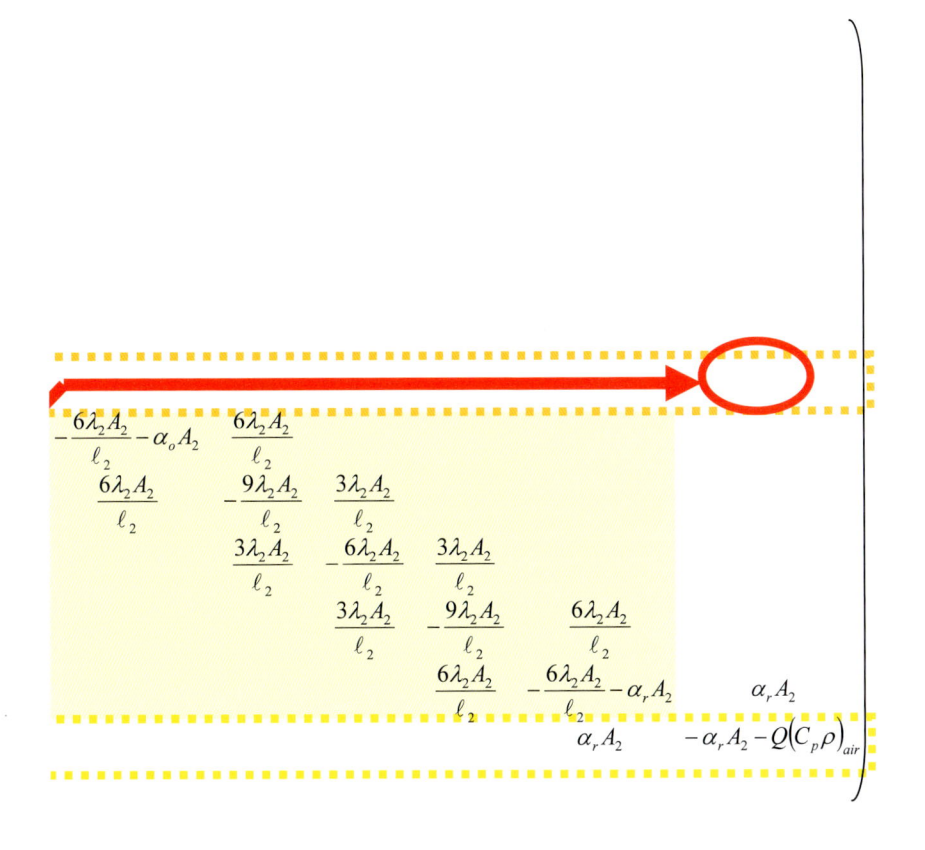

$$
\begin{pmatrix}
-\dfrac{6\lambda_2 A_2}{\ell_2}-\alpha_o A_2 & \dfrac{6\lambda_2 A_2}{\ell_2} & & & & & \\
\dfrac{6\lambda_2 A_2}{\ell_2} & -\dfrac{9\lambda_2 A_2}{\ell_2} & \dfrac{3\lambda_2 A_2}{\ell_2} & & & & \\
& \dfrac{3\lambda_2 A_2}{\ell_2} & -\dfrac{6\lambda_2 A_2}{\ell_2} & \dfrac{3\lambda_2 A_2}{\ell_2} & & & \\
& & \dfrac{3\lambda_2 A_2}{\ell_2} & -\dfrac{9\lambda_2 A_2}{\ell_2} & \dfrac{6\lambda_2 A_2}{\ell_2} & & \\
& & & \dfrac{6\lambda_2 A_2}{\ell_2} & -\dfrac{6\lambda_2 A_2}{\ell_2}-\alpha_r A_2 & \alpha_r A_2 \\
& & & & \alpha_r A_2 & -\alpha_r A_2 - Q(C_p\rho)_{air}
\end{pmatrix}
$$

　伝導，対流に加えての伝熱 3 要素は放射熱伝達であった．ここでいう放射とは波長の長い長波放射のことである（対して日射をはじめとする可視光放射を短波放射という；本節では「放射」を長波放射の意味で用いる）．伝導と対流は既に本書でも登場している．これらと放射には大きな違いがある．前者による熱フラックスは温度差の 1 乗に比例していたが（伝導ではフーリエの式だし，対流では対流熱伝達率に温度差を乗じた表式だった），放射は全く考えを異にしている．それは放射の本質が電磁波の伝搬であり，それが熱としての性質を帯びていることから来ている．身の回りの環境システムを考える際には，放射による熱フラックス q_{rad} [W/m^2] は，

$$q_{rad} = \varepsilon \cdot \sigma \cdot T^4 \tag{2.52}$$

で表される．ここで，ε を放射率 [ND] とよび，完全黒体で 1，理想的鏡面で 0 である．放射率は (2.52) 式が意味するように射出の効率である．また，それと同時に，やってきた放射を吸収する効率，すなわち吸収率でもある（キルヒホッフの法則）．σ はステファン・ボルツマン（Stephan-Boltzmann）定数で 5.67×10^{-8} [W/(m^{2}K^4)]，T はその物体の表面温度 [K] である．ステファン・ボルツマン定数の表記には 2 様あって，上式を以下のよう

に表し，定数を $C_b = 5.67\ [10^{-8}\times W/(m^2 K^4)]$ とする場合もある．

$$q_{rad} = \varepsilon \cdot C_b \cdot \left(\frac{T}{100}\right)^4 \tag{2.53}$$

ここで，図 2-16 のような 2 面間の正味放射熱交換量を求めてみよう．面 1，面 2 それぞれの温度，放射率，面積を T, ε, A に添え字を付けて表現する．また面 1 から面 2 を見た面体面形態係数，面 2 から面 1 を見た面体面形態係数をそれぞれ F_{12}, F_{21} で表現する．面体面形態係数 F_{ab} の物理的意味は，面 a に埋め込まれた「目」があるとして，その「目」から見た全視野（その面が平面ならその平面を覆う半球面が全視野になるだろう）のうち対象面 b が占める視野の割合である．言葉を換えると，面 a 上の微小面素からある規則（等立体角になるように）に従ってハリネズミのごとき視線の「矢」をあまた放つとして，そのうち面 b に到達する（面 b を刺し貫く）視線の「矢」の本数をカウントし，到達した矢の割合を面 a について積分すると面体面形態係数となる．形態係数の詳細な説明は，紙幅の関係でここでは割愛するが，読者は標準的な建築環境工学の教科書を参照して欲しい（巻末の参考文献のページ参照）．ついでに，形態係数の重要な性質，相反定理の説明箇所も読んでおいて欲しい．次に登場する．

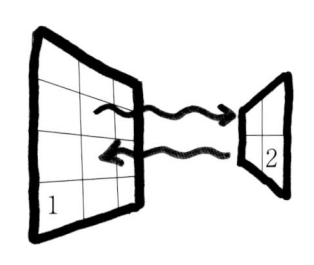

図 2-16 面 1 と面 2 間の放射熱交換

はなし，元に戻って，面 1 から見た面 2 との正味の放射熱交換量 $H_{1\to 2}$ [W] は以下となる．

$$\begin{aligned} H_{1\to 2} &= \varepsilon_2 F_{12} A_1 \varepsilon_1 \sigma T_1^4 - \varepsilon_1 F_{21} A_2 \varepsilon_2 \sigma T_2^4 \\ &= \varepsilon_1 \varepsilon_2 A_1 F_{12} C_b \left(\frac{T_1}{100}\right)^4 - \varepsilon_1 \varepsilon_2 A_2 F_{21} C_b \left(\frac{T_2}{100}\right)^4 \end{aligned} \tag{2.54}$$

右辺第 1 項は面 1 から射出され $\left(\varepsilon_1 C_b \left(\frac{T_1}{100}\right)^4 A_1\right)$，そのうち面 2 に到達し $\left(\varepsilon_1 C_b \left(\frac{T_1}{100}\right)^4 A_1 F_{12}\right)$，吸収される熱量 $\left(\varepsilon_1 C_b \left(\frac{T_1}{100}\right)^4 A_1 F_{12} \varepsilon_2\right)$ を表し，第 2 項は面 2 から射出され，面 1 に到達し，吸収される熱量を意味する．よって，両者の差分は面 1 から見た正味の面 2 との放射熱交換量になるわけだ．

ここで，面体面形態係数の相反定理（図 2-17）

$$A_1 F_{12} = A_2 F_{21} \tag{2.55}$$

を (2.54) 式に適用する．

$$H_{1\to 2} = \varepsilon_1 \varepsilon_2 C_b A_1 F_{12} \left[\left(\frac{T_1}{100}\right)^4 - \left(\frac{T_2}{100}\right)^4\right]$$

$$= A_1 F_{12} \cdot \varepsilon_1 \varepsilon_2 C_b \left[\frac{\left(\frac{T_1}{100}\right)^4 - \left(\frac{T_2}{100}\right)^4}{T_1 - T_2} \right] \cdot (\theta_1 - \theta_2)$$

(2.56)

絶対温度差はセッ氏温度差に等しいことを使っている．ところで，式中の大括弧でくくられた部分を温度係数といい，以下のように，身の回りの環境システムを扱う範囲では（数百℃に達する極端な高温面などが存在しない限り），ほぼ1に見なしてよいことがわかっている．

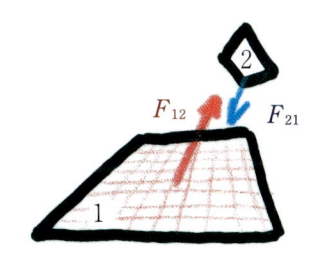

図2-17 面1と面2に相反定理を適用すると？

$$\frac{\left(\frac{T_1}{100}\right)^4 - \left(\frac{T_2}{100}\right)^4}{T_1 - T_2} \cong 0.04 \left[\frac{(T_1 + T_2)/2}{100} \right]^3 \cong 1 \tag{2.57}$$

また，放射率は，金属やガラスなど光沢のある表面を除けば，ほぼ1に近く，大略0.9くらいで近似しておけばよい[6]．以上を知ると，（2.56）式中の $\varepsilon_1 \varepsilon_2 C_b \left[\left(\frac{T_1}{100}\right)^4 - \left(\frac{T_2}{100}\right)^4 \right] / [T_1 - T_2]$ は定数扱い出来ることに気がつく．値を入れてみると $0.9 \times 0.9 \times 5.67 \times 1 = 4.6$ となり，単位はコンダクタンス［W/(m²K)］と同次元である．そこで，この値を放射熱伝達率 α_{rad} とよぶことにする．

$$\alpha_{rad} \equiv \varepsilon_1 \varepsilon_2 C_b \left[\frac{\left(\frac{T_1}{100}\right)^4 - \left(\frac{T_2}{100}\right)^4}{T_1 - T_2} \right] \cong 4.6 \ [\text{W}/(\text{m}^2\text{K})] \tag{2.58}$$

以上の放射熱伝達の線形化により，結局（2.56）式は，

$$H_{1 \to 2} = A_1 F_{12} \cdot \alpha_{rad} (\theta_1 - \theta_2)$$
$$= -A_2 F_{21} \cdot \alpha_{rad} (\theta_2 - \theta_1) = -H_{2 \to 1} \tag{2.59}$$

となり，対流熱伝達のフラックス $\alpha_{convection}(\theta_{surface} - \theta_{air})$ と同形の表式で扱えることになる．これは，線形システムの時間推移を表現するシステム状態方程式との相性がまことに良いわけで，放射熱伝達を（2.18）式の表現に簡単に組み込むことが出来る．そのことを以下の具体例を通じて確認しておこう．

図2-18のような矩形室を考える．向かって左側にある外壁に開口面があり，各面素には通し番号1から7を付けておく．室温度は冷房されていて26℃に拘束されていると考えよう（そうでなくともここでの説明の本質は損なわれない）．各面素を構成する壁体からなる

---

[6] 短波放射である日射の吸収率は壁面の色に依存して大きく変わる．完全黒体で1となり，表面が白ければ0.5程度まで小さくなる．が，放射率は表面の色による依存性は小さく，どんな色であろうとほぼ0.9前後の値をとる．

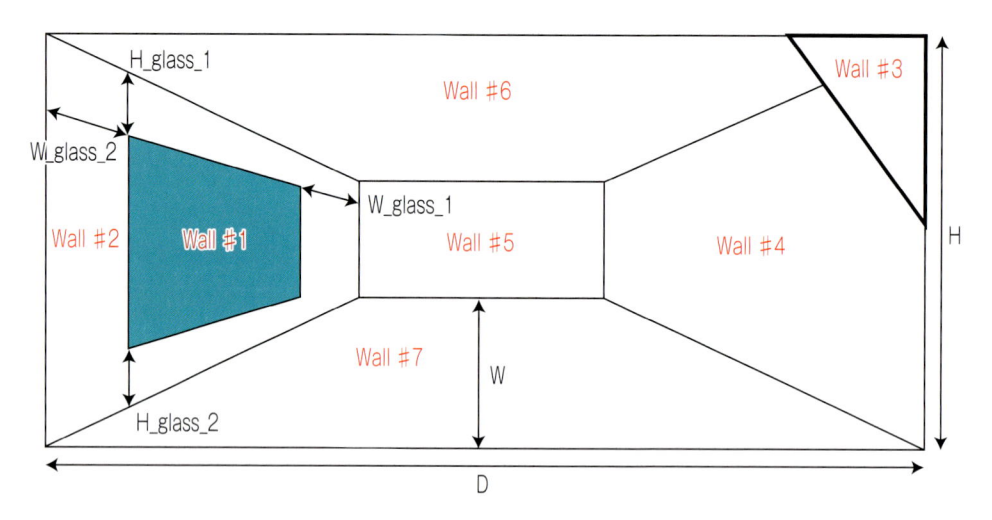

図 2-18 矩形室を構成する全面素 7 面

熱システムを検査体積法もしくは空間差分法で空間離散化すると，そのシステム状態方程式は既述のように（2.18）式の形式で表現される．そのときの熱コンダクタンスマトリクスには，各面素内の熱伝導（つまり壁内部の隣接節点間の熱伝導），壁体表面－室間の対流熱伝達と本節で導いた線形化放射熱伝達が表記される．前2者をハッチして表現し，後者の現れる要素をプロットで表現すると，$\mathbf{C}$ は以下のようになる．

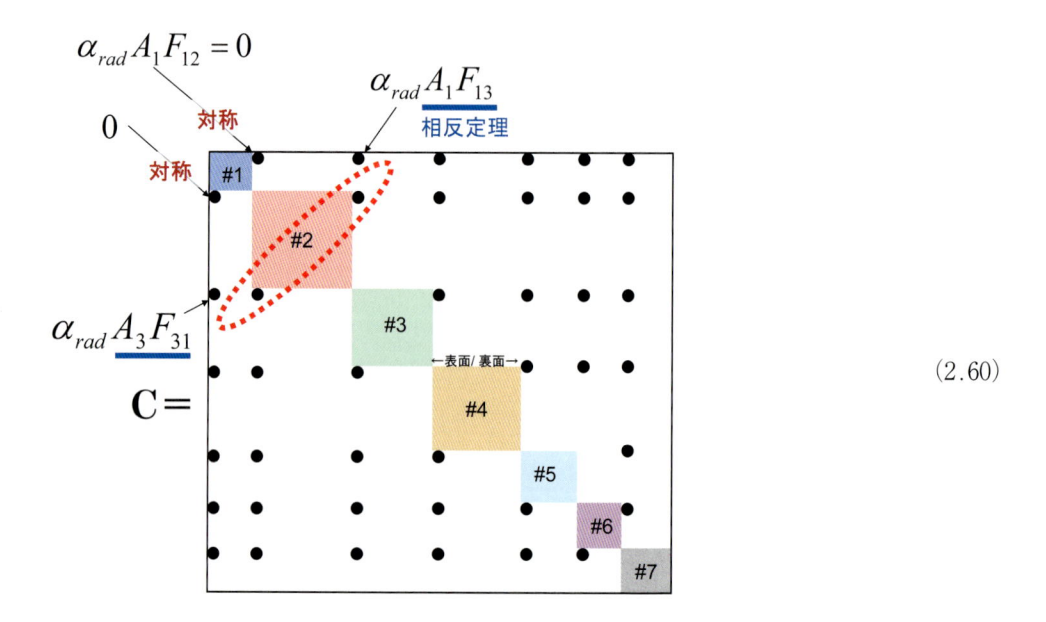

$$ \tag{2.60}$$

各面素の室内側表面の温度節点を表す要素に放射熱伝達率と面積，形態係数の積が顕れる．式中に示したように，例えば面1と3の室内側表面節点 (i,j) に $\alpha_{rad}A_1F_{13}$ が，その転置した要素 (j,i) に $\alpha_{rad}A_3F_{31}$ が書き込まれる．そして，形態係数の相反定理を前提与件とすると，放射熱伝達による影響は熱コンダクタンスマトリクスの対称性に整合する（逆に熱コンダクタンスマトリクスの対称性を前提にするなら，形態係数の相反定理が証されることになる）．また，開口の面1と外壁の面2は同一平面上にあるので，互いが互いを見る形態係数はゼロになる．従って，式中に示しているようにそれらの要素はゼロになる．

2–11 線形熱水分同時移動方程式

湿気の固体中伝搬は熱の伝搬とアナロジーが成り立つと期待される．湿気の拡散は水蒸気濃度を駆動力に生じると考えられるから，水蒸気濃度の一種である絶対湿度 [g/g'][7] をポテンシャルにとれば，非定常熱伝導方程式（2.1）式と同形の支配方程式が得られるのではないかと推量するだろう．が，実際には水分には常温で水蒸気（ガス；気相）と水（液相）が併存するので，これらの伝搬を別々に考慮する必要

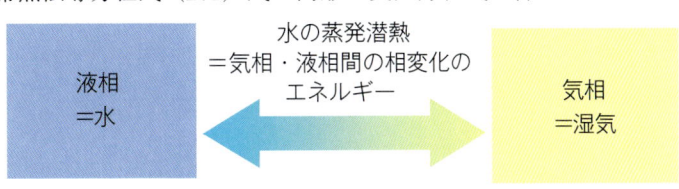

図2–19 気相，液相と蒸発潜熱の関係

がある．例えば，材内の温度が上がれば，液相水分の一部が蒸発して気相水分が増えると考えられる（液相と気相は局所で平衡状態にあると仮定する；局所平衡の仮定）が，その際，蒸発潜熱 L [J/g] を奪うから，その場の熱収支に影響を与えずにはおかないだろう（図2–19）．ならば，水分の拡散は熱の拡散抜きに語ることは出来ないと容易に諒解されよう．斯くて，**熱水分同時移動**を考える必要が生じるわけだ．

本書では図2–20のように材料内の水分濃度がさほど高くない状況を前提にして話を進めることにする．この状態を蒸

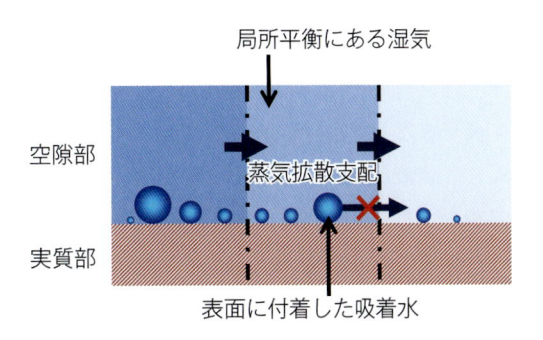

図2–20 空隙のある材料中の水分と湿気

---

[7] 湿り空気は乾き空気（Dry Air, DA）と湿気（水蒸気）の混合ガスである．物理的な意味で水分濃度にもっとも適した湿度パラメータは比湿 [g/g] である．分母の g は湿り空気の質量を分子の g は水蒸気のそれを表す．対して，絶対湿度 [g/g（DA）]（もしくは [g/g'] で表す）の分母 g は乾き空気質量をとる．本来的な意味での濃度の定義には背馳するが，慣用的に良く用いられる状態量である．本書でも，絶対湿度をポテンシャルにとって，蒸気拡散支配熱水分同時移動方程式を導出する．

気拡散支配（ハイグロスコピック Hygroscopic）領域という．蒸気拡散支配域では，液相水分は材料の実質部と空隙部の界面に吸着水としてトラップされて，容易に移動出来ないと考える（ただし，局所平衡の仮定により，その場のローカルな雰囲気の温度，湿度に平衡して，水分が蒸発によって減少したり，凝縮によって増えることは起きる）．よって，水分の拡散伝搬は水蒸気の形態でだけ生じると考えればよく，数理モデルがぐっと簡単になる．現実には，壁体内で結露が生じる状況や地盤中の水分伝搬を考える際には，液相水分としての拡散伝搬を無視することは出来なくなるから，ここで扱う蒸気拡散支配は，極端に高湿でない状況であるであるといえる．が，室内の壁体内の水分移動を扱う場合には十分適用可能だとされている．

吸着水量 w [g] は温度 θ と絶対湿度 X のローカル雰囲気と局所平衡している．つまり，

$$w \equiv w(\theta, X) \tag{2.61}$$

で表現される．ならば，吸着水の時間変化率は全微分をとって，以下で表すことが出来る筈だ．

$$\frac{\partial w}{\partial t} = \frac{\partial w}{\partial \theta} \cdot \frac{\partial \theta}{\partial t} + \frac{\partial w}{\partial X} \cdot \frac{\partial X}{\partial t} \equiv -\nu \cdot \frac{\partial \theta}{\partial t} + \kappa \cdot \frac{\partial X}{\partial t} \tag{2.62}$$

ここで，2つ目の等号右側に行く際，$\frac{\partial w}{\partial \theta} \equiv -\nu$，$\frac{\partial w}{\partial X} \equiv \kappa$ とおいた．ν と κ は，それぞれ，その材料単位体積当たり単位温度の雰囲気変化に暴露されたときの放湿係数 [g/（m^{3}K）]，その材料単位体積当たり単位絶対湿度の雰囲気変化に暴露されたときの吸湿係数 [g/（m^3（g/g'））] とよばれる物性値である．これら κ，ν はその材料の平衡含水率曲線 $g(\theta, X)$ の勾配として求めることが出来る．例えば図 2-21 に示すように，平衡含水率曲線は横軸に相対湿度，縦軸に平衡含水率をとって，温度一定の条件で g を描いた曲線である．物性値が収められた資料集などで代表的な材料について，その平衡含水率曲線を得ることが出来る．κ，ν の実験的同定法は，図 2-22 に示すように，まず恒温恒湿槽内の重量計上に材料を静置し，初期温度，絶対湿度下に充分長い時間暴露する．「充分長い時間」とは，重量変化が見られなくなり，材料内の水分が十分に平衡に達するまでを意味する．そこで，ステップ状に雰囲気絶対湿度を上げ，重量変化の応答を計測する．重量の上昇が充分定常に達したところで，実験をやめ，増加した

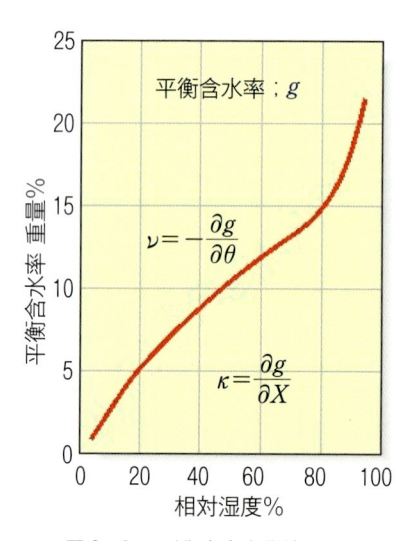

図 2-21　平衡含水率曲線の例

重量変化をステップ絶対湿度上昇と試験体体積で割ったものが，κ である．同様に ν はステップ温度上昇に対する，重量減少量から求まる．

では，ここから1次元非定常熱伝導方程式（2.1）式に相当する1次元非定常蒸気拡散支配熱水分同時移動方程式を導出していこう．泥縄方式でいく．既述したように，水蒸気の伝搬も拡散型方程式で表現できる筈だから，駆動力を絶対湿度に採れば，その基礎式は，

$$C'\rho_{air}\frac{\partial X}{\partial t} = \lambda'\frac{\partial^2 X}{\partial x^2}$$

のように表現できると見込みをつける．ここで，C'；空隙率 $[m^3/m^3]$，ρ_{air}；湿り空気密度 $[kg/m^3]$，λ'；湿気伝導率 $[g/(ms(g/g'))]$ であり，それぞれ

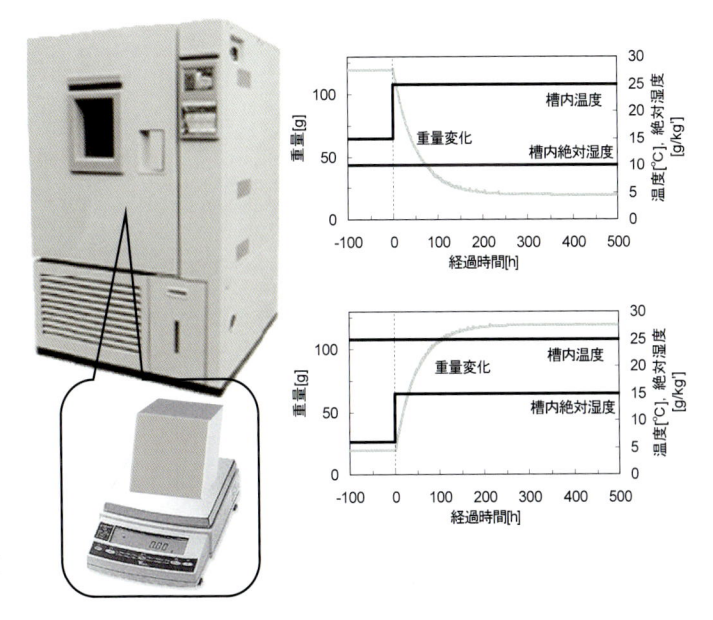

図 2-22 κ，ν の実験的同定法

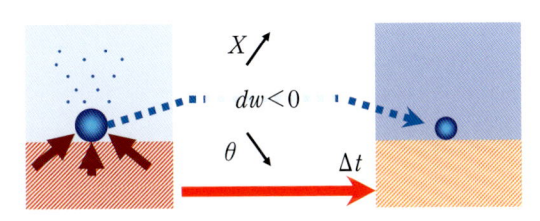

図 2-23 熱と水分のカップリング

熱伝導における材料の比熱，密度，熱伝導率に相当する．が，上の表式は不完全である．何故か？ 先述したように水分移動と熱移動が水の蒸発潜熱を介してカップリングされる影響が考慮されていないからだ．その影響を模式的に表現したのが図 2-23 である．局所平衡している左側の吸着水の量が微小時間後に右側のように減ったとすると何が起きるだろうか？ 吸着水量の減少は蒸発によりもたらされるので，雰囲気の水蒸気濃度，すなわち絶対湿度が上昇し，併せて蒸発潜熱を周囲から奪うので，温度の低下が起きる．熱伝導と湿気伝導の拡散方程式に，このことを反映させると，

$$C_p\rho\frac{\partial \theta}{\partial t} = \lambda\frac{\partial^2 \theta}{\partial x^2} + L\frac{\partial w}{\partial t} \tag{2.63-1}$$

$$C'\rho_{air}\frac{\partial X}{\partial t} = \lambda'\frac{\partial^2 X}{\partial x^2} - \frac{\partial w}{\partial t} \tag{2.63-2}$$

が得られる．それぞれの式の右辺第2項の符号に注意する．熱移動方程式では吸着水の増加

は潜熱の解放による増分となり，湿気移動方程式では吸着水が増加すれば，水蒸気濃度（絶対湿度）の低下となる．(2.63) 式に (2.62) 式を代入して，蒸気拡散支配1次元熱水分同時移動方程式の最終形 (2.64) 式が得られる．

$$\left(C_p\rho+L\nu\right)\frac{\partial \theta}{\partial t} = \lambda\frac{\partial^2 \theta}{\partial x^2} + L\kappa\frac{\partial X}{\partial t} \tag{2.64-1}$$

$$\left(C'\rho_{air}+\kappa\right)\frac{\partial X}{\partial t} = \lambda'\frac{\partial^2 X}{\partial x^2} + \nu\frac{\partial \theta}{\partial t} \tag{2.64-2}$$

ここで図2-21をもう一度よく見て貰いたい．上式中に表れる κ, ν は図中に示したように平衡含水率のそれぞれ絶対湿度，温度微分係数である．図を見ると中湿度域では平衡含水率は相対湿度に対してほぼ一定の勾配をもつから，κ, ν を定数と近似することが許されそうである．実際，(2.64) 式で κ, ν が定数の物性値として扱えるのならば，この連立方程式は線形となって，まことに具合がよい．斯くてシステム状態方程式の出番となるわけである．

(2.18) を少々変形して再掲する．

$$\mathbf{M}\frac{d\mathbf{x}}{dt} = \mathbf{Cx} + \mathbf{C}_o\mathbf{x}_o + \mathbf{f} \tag{2.65}$$

ここで，$\mathbf{x}$ は節点の温度と絶対湿度から構成される未知変数ベクトルであり，$\mathbf{x}_o$ は規定温度節点，規定絶対湿度節点からなるベクトルである．また，$\mathbf{C}_o$ は規定節点との熱フラックス，水分フラックスの境界条件を規定するマトリクスである．特に $\mathbf{M}$ を**拡張キャパシタンスマトリクス**，$\mathbf{C}$ を**拡張コンダクタンスマトリクス**という．これら，ベクトルやマトリクスの要素がどうなるかを以下の例で説明していこう．

図2-24のような単室を考える．室の温度と湿度は規定節点として拘束されているとしよう．つまり，この例では室を構成する各面内での熱伝導と水分移動を (2.64) 式に基づいて

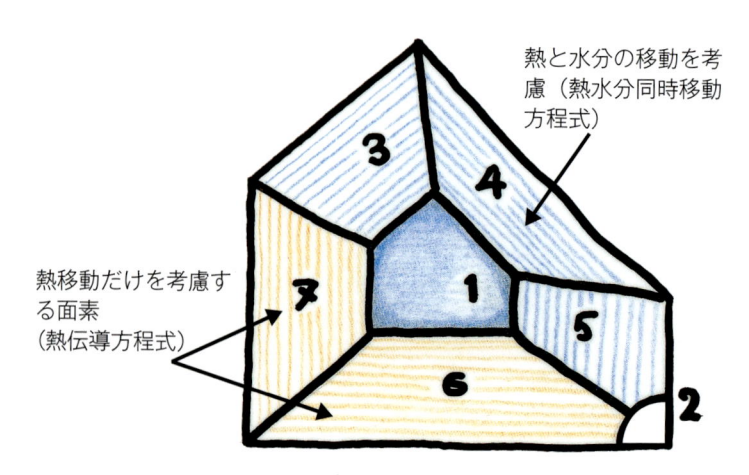

図2-24 熱水分同時移動により解析する室モデル

第 2 章　線形システムの解析法　　41

解析することになる．各面素には図のように番号を付けるが，熱伝導だけを考慮すればよい面は後詰めにナンバリングしておく．例えば，ガラス面や金属面などが相当し，これらの面については (2.64) 式でなく (2.1) 式を適用することになる．

　空間離散化に検査体積法もしくは空間差分法を適用した場合，(2.65) 式の各ベクトルとマトリクスの要素は以下のようになる．**M** の要素に留意せよ．

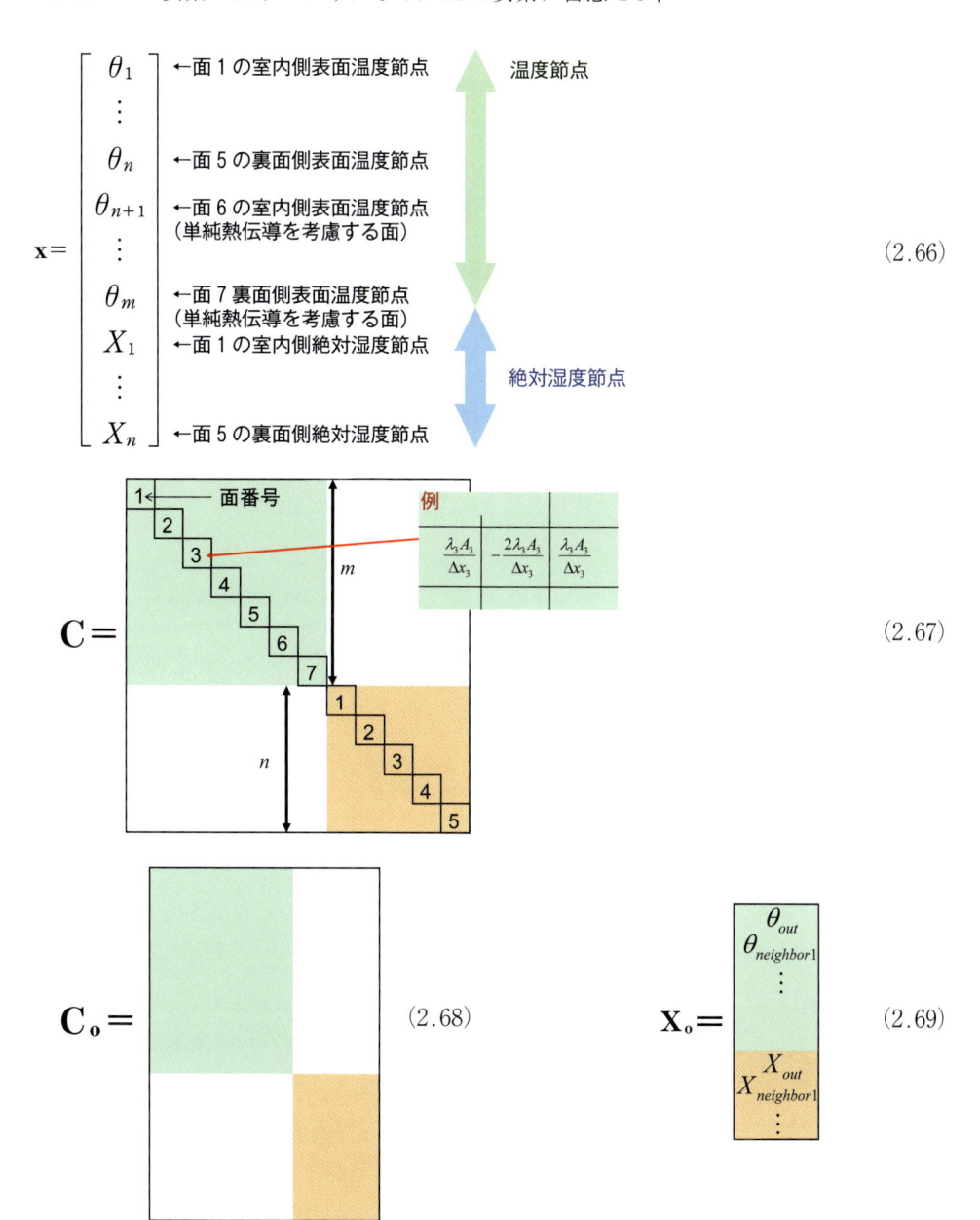

$$\mathbf{x} = \begin{bmatrix} \theta_1 \\ \vdots \\ \theta_n \\ \theta_{n+1} \\ \vdots \\ \theta_m \\ X_1 \\ \vdots \\ X_n \end{bmatrix} \begin{matrix} \leftarrow \text{面 1 の室内側表面温度節点} \\ \\ \leftarrow \text{面 5 の裏面側表面温度節点} \\ \leftarrow \text{面 6 の室内側表面温度節点} \\ \text{（単純熱伝導を考慮する面）} \\ \\ \leftarrow \text{面 7 裏面側表面温度節点} \\ \text{（単純熱伝導を考慮する面）} \\ \leftarrow \text{面 1 の室内側絶対湿度節点} \\ \\ \leftarrow \text{面 5 の裏面側絶対湿度節点} \end{matrix} \quad \begin{matrix} \text{温度節点} \\ \updownarrow \\ \\ \\ \\ \\ \\ \text{絶対湿度節点} \\ \updownarrow \end{matrix} \tag{2.66}$$

$$\mathbf{C} = \text{（図：面番号 1〜7 の温度ブロック（サイズ } m\text{），面番号 1〜5 の湿度ブロック（サイズ } n\text{）からなる対角行列．例：} \dfrac{\lambda_3 A_3}{\Delta x_3},\ -\dfrac{2\lambda_3 A_3}{\Delta x_3},\ \dfrac{\lambda_3 A_3}{\Delta x_3}\text{）} \tag{2.67}$$

$$\mathbf{C_o} = \tag{2.68}$$

$$\mathbf{X_o} = \begin{bmatrix} \theta_{out} \\ \theta_{neighbor1} \\ \vdots \\ X_{out} \\ X_{neighbor1} \\ \vdots \end{bmatrix} \tag{2.69}$$

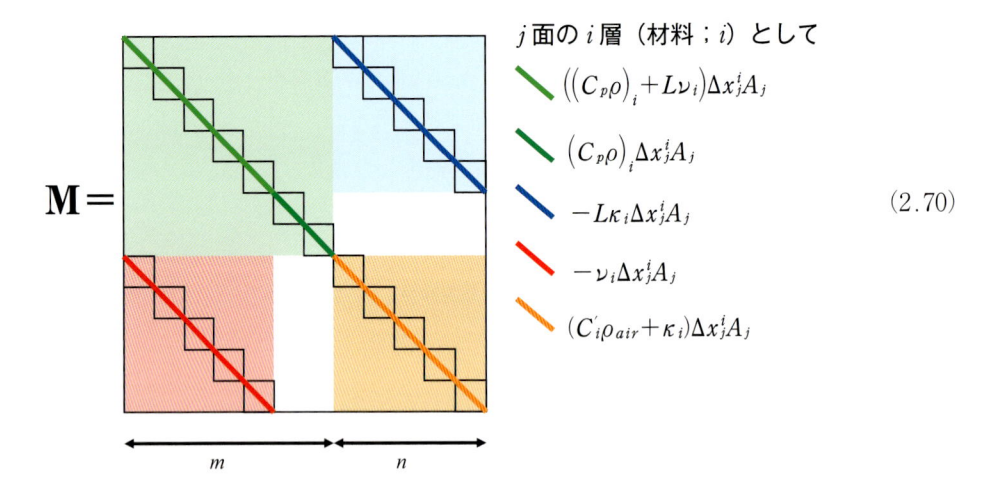

$$\mathbf{M} = \begin{matrix} \text{(matrix diagram)} \end{matrix} \qquad \begin{matrix} j\text{面の}i\text{層（材料}；i\text{）として} \\ \diagdown \;\; ((C_p\rho)_i + L\nu_i)\Delta x_j^i A_j \\ \diagdown \;\; (C_p\rho)_i \Delta x_j^i A_j \\ \diagdown \;\; -L\kappa_i \Delta x_j^i A_j \\ \diagdown \;\; -\nu_i \Delta x_j^i A_j \\ \diagdown \;\; (C_i'\rho_{air} + \kappa_i)\Delta x_j^i A_j \end{matrix} \qquad (2.70)$$

よって，空間離散化後のシステム状態方程式は，(2.29) 式と同形式で表され，

$$\mathbf{x}^{i+1} = \left[\frac{1}{\Delta t}\mathbf{M} - k\mathbf{C}\right]^{-1}$$
$$\left\{\left[\frac{1}{\Delta t}\mathbf{M} + (1-k)\mathbf{C}\right]\mathbf{x}^i + \mathbf{C}_o\{(1-k)\mathbf{x}_o^{\ i} + k\mathbf{x}_o^{\ i+1}\} + \{(1-k)\mathbf{f}^i + k\mathbf{f}^{i+1}\}\right\} \qquad (2.71)$$

ここで，$k \in [0,1]$ の任意実数を採り得，特に $k = 0$；前進差分，$k = 1/2$；クランク・ニコルソン差分，$k = 1$；後退差分である．

2-12 熱負荷計算と自然室温計算

　ここでは**熱負荷計算**と**自然室温計算**とがシステム状態方程式に基づく解法上どう取り扱われるかについて述べる．実は，後者については，既に説明したことになっている．よって，前者だけを懇説すればよいわけだが，そう言われても読者としては納得しがたかろうから，両者の違いについて，まず，確認しておこう．

　2.1 節で熱伝導を質点系力学の運動方程式とのアナロジーで説明した．図 2-25 を見て欲しい．机上のボールを弾く問題を考える．自然室温計算とは，図の上パネルの含意に相当する．つまり，様々な熱入力が室にあるとき，室温がどのような推移をたどるのかを求める問題である．未知数は室温度であり，弾かれるボールの初速度である（次元は異なるが，惰性でボールがどこまで転がるかを解析しても良いだろう）．これに対して負荷計算では，室温は設定温度（冷房であれば 26℃ だとか 28℃ だとか）に拘束し（つまり求解すべき未知数ではない），温度を設定に維持するためにどれだけ熱を除去（冷房負荷）もしくは付加（暖房負荷）しなければならないのかを求める．下パネルの力学問題では，上パネルの状況と同じ力でボールを弾くとき，速度をゼロに拘束するのにどれだけの力で保持する必要があるのか

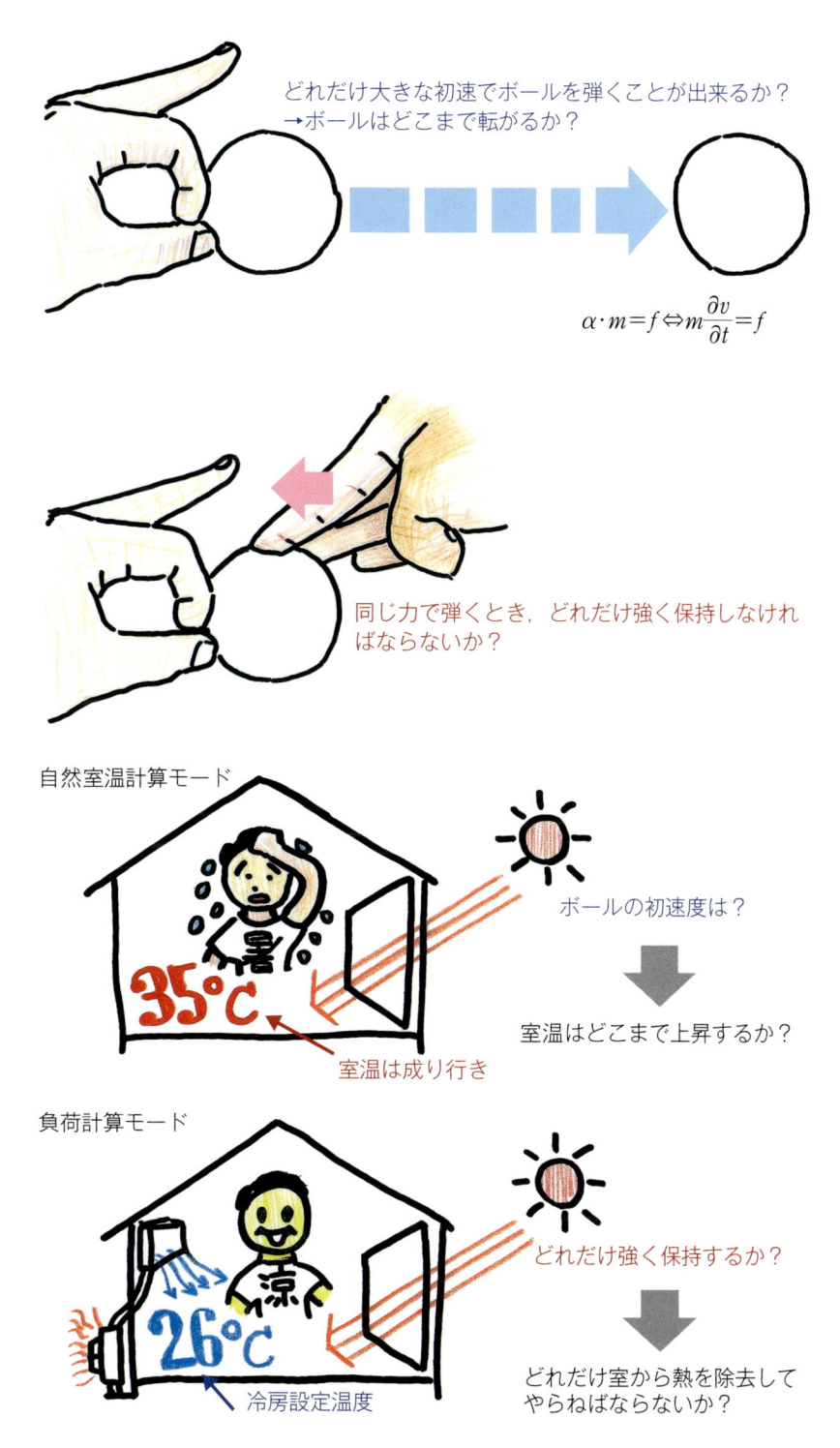

図 2-25　力学問題とのアナロジー：熱負荷計算と自然室温計算

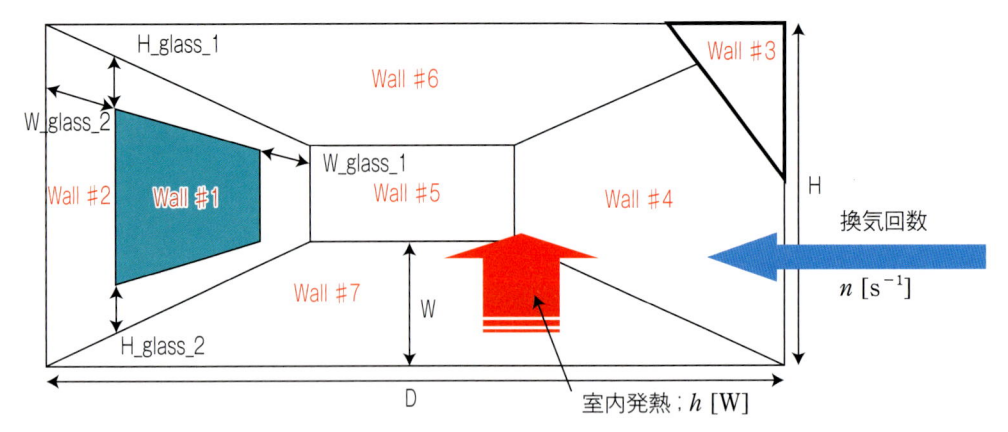

図2-26 自然室温計算／熱負荷計算のモデル例

を求める問題である．

具体的に図2-26のような単室の自然室温計算と熱負荷計算を考える．これは図2-18と同じ単室だが，換気回数 n [1/s]で新鮮な外気が導入される点，室内に h [W]の発熱がある点を考慮している．換気回数に室体積を乗じれば換気量 [m³/s]となる．両者とも熱負荷を考える上では，尤もらしい仮定だ．前者を換気（場合によってはすきま風）による外気負荷，後者は人体発熱や室内家電機器などからの発熱による内部発熱負荷という．

まず，自然室温計算の場合の室温度節点に関する熱収支式を書き出してみると以下となる．

$$V_r(C_p\rho)_{air}\frac{\partial \theta_r}{\partial t} = \sum_{i \in \{wall\}} A_i \alpha_{conv}^i (\theta_{surface}^i - \theta_r) + nV_r(C_p\rho)_{air}(\theta_{out} - \theta_r) + h \quad (2.72)$$

$$\frac{[m^3][J\,m^{-3}K^{-1}][K]}{[s]}=[W] \quad [m^2][W\,m^{-2}K^{-1}][K]=[W] \quad [s^{-1}][m^3][J\,m^{-3}K^{-1}][K]=[W] \quad [W]$$

下線で示した各項の次元が全て [W] になっていることを確認せよ．右辺第1項は各壁面との対流熱伝達による熱取得，第2項は換気による熱取得，第3項は内部発熱による生成項である．

対して，熱負荷計算時の熱収支式を考える際には，室温度は θ_{set} に拘束され，未知数として冷房負荷（除去熱量を正にとる）H_{ex} [W] の項が現れ，以下となる．

$$V_r(C_p\rho)_{air}\frac{\partial \theta_r}{\partial t} = \sum_{i \in \{wall\}} A_i \alpha_{conv}^i (\theta_{surface}^i - \theta_{set}) + nV_r(C_p\rho)_{air}(\theta_{out} - \theta_{set}) + h - H_{ex}$$

$$(2.73-1)$$

ただし，冷房開始時間ステップでは，左辺は，

$$V_r(C_p\rho)_{air}\frac{\partial \theta_r}{\partial t} = V_r(C_p\rho)_{air}\frac{\theta_r^{j-1} - \theta_{set}}{\Delta t} \quad (2.73-2)$$

連続運転されている場合には，左辺は，

$$V_r(C_p\rho)_{air}\frac{\partial \theta_r}{\partial t} = 0 \tag{2.73-3}$$

となる．ここで，空気の熱容量は壁体熱容量に比べて十分小さいので無視することにすると，(2.73-1) 式の左辺は常にゼロとすることができる[8]．これにより，システム状態方程式は，自然室温計算時（非空調時）も空調時も (2.18) 式の形式に書くことが出来る．それぞれの場合のベクトルとマトリクスの要素を以下で見ていくことにする．

まず，自然室温計算の場合を考える．

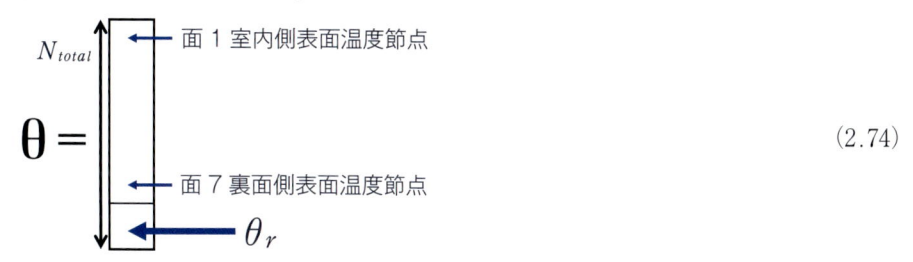

$$\boldsymbol{\theta} = \begin{pmatrix} \text{面1 室内側表面温度節点} \\ \vdots \\ \text{面7 裏面側表面温度節点} \\ \theta_r \end{pmatrix} \tag{2.74}$$

未知変数ベクトルの N_{total} 行目の要素は室温 θ_r である．

$$\mathbf{M} = \begin{pmatrix} \ddots & & \\ & & \\ & & V_r(C_p\rho)_{air} \end{pmatrix} \tag{2.75}$$

熱キャパシタンスマトリクスの (N_{total}, N_{total}) 要素には室空気の熱容量 $V_r(C_p\rho)_{air}$ が入る．

$$\mathbf{f} = \begin{pmatrix} \bullet \\ \bullet \\ \bullet \\ \bullet \\ h \end{pmatrix} \tag{2.76}$$

熱入力の境界条件ベクトル **f** には，適宜各要素を書き込む．N_{total} 行目の要素には室内部発熱 h が書き込まれる．また，上記の色プロットは，例えば，各面の表面温度節点に分配される窓面からの室内透過日射を意味する．

---

[8] この近似を入れずに，(2.73-2) 式をシステム状態方程式に組み込んだ計算をすることも可能である（具体的には $\mathbf{C}_\circ \boldsymbol{\theta}_\circ$ に組み込んでやればよい）．しかし，本書では説明を簡単にするため，この前提を設けた．

$$\mathbf{C} = \begin{pmatrix} \text{Symmetric} & & -A_i \alpha_{conv}^i \\ & \ddots & \\ & & -\Sigma A_i \alpha_{conv}^i - nV_r(C_p\rho)_{air} \end{pmatrix} \quad (2.77)$$

（室内温度節点と対流熱伝達する壁面 i の表面節点）

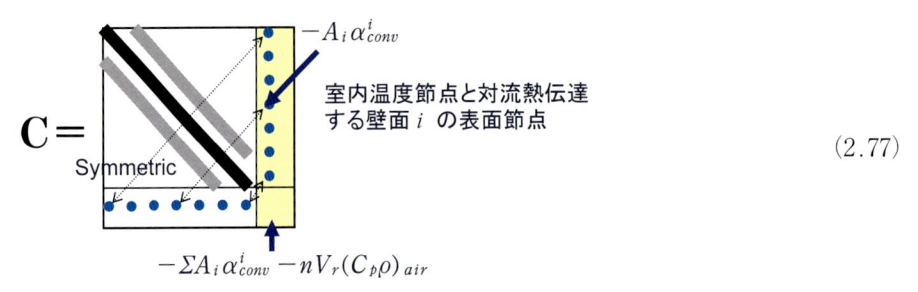

熱コンダクタンスマトリクスの各壁面部分には隣接節点間の熱伝導コンダクタンスが書き込まれる（黒太斜線と灰色斜線）．N_{total} 列目に各壁面の室内側表面に対流熱伝達コンダクタンス $A_i\alpha_{conv}^i$（青プロット）が書き込まれ（A_i は i 面表面積，α_{conv}^i は i 面の対流熱伝達率），これらは N_{total} 行目の対称要素にも現れる．

$$\mathbf{C_o} = \begin{pmatrix} \cdots \\ nV_r(C_p\rho)_{air} \end{pmatrix}_{N_{conv}} \quad (2.78)$$

$\mathbf{C_o}$ の列数は規定温度節点数 N_{conv} となる．第1列には外気との熱コンダクタンスが書き込まれる．従って，N_{total} 行目には換気のコンダクタンス $nV_r(C_p\rho)_{air}$ が書き込まれる．

$$\boldsymbol{\theta_o} = \begin{pmatrix} \theta_{out} \\ \vdots \end{pmatrix}_{N_{conv}} \quad (2.79)$$

（隣室温度など他の規定温度節点）

$\boldsymbol{\theta_o}$ の行数は N_{conv}．第1行目は外気温度 θ_{out} である．

次に，熱負荷計算の場合を考える．

$$\boldsymbol{\theta} = \begin{pmatrix} \text{面1室内側表面温度節点} \\ \vdots \\ \text{面7裏面側表面温度節点} \\ H_{ex} \end{pmatrix}_{N_{total}} \quad (2.80)$$

未知変数ベクトルの N_{total} 行目の要素は熱負荷 H_{ex} である．

$$\mathbf{M} = \begin{pmatrix} \diagdown & \\ & 0 \end{pmatrix} \qquad (2.81)$$

熱キャパシタンスマトリクスの（N_{total}, N_{total}）要素は（2.73-3）式を表現するためにゼロが入る．熱入力の境界条件ベクトル **f** は，（2.76）式と同様である．

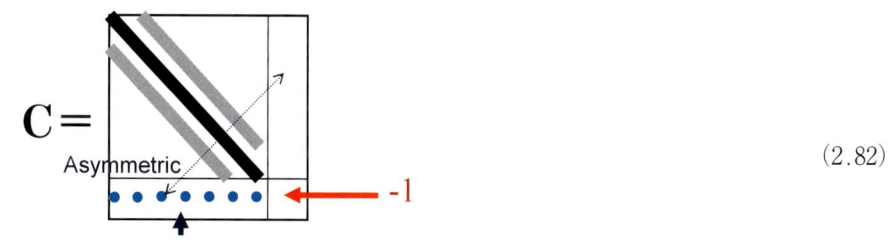

$$\mathbf{C} = \begin{pmatrix} \text{Asymmetric} & \\ \cdots\cdots\cdots & -1 \end{pmatrix} \qquad (2.82)$$

室内温度節点と対流熱伝達する壁面 i の表面節点 $A_i \alpha_{conv}^i$

自然室温計算の熱コンダクタンスマトリクスの N_{total} 列目は N_{total} 行を除いて，$\mathbf{C_o}$ の $N_{conv}+1$ 列目に移し，対称性は崩れる．（N_{total}, N_{total}）要素は未知数である熱負荷 H_{ex} を（2.18）式の左辺に出現させるために -1 を書き込む．

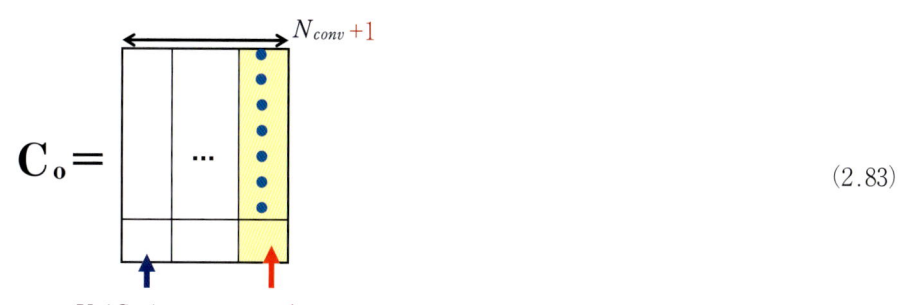

$$\mathbf{C_o} = \begin{pmatrix} & \cdots & \vdots \\ & & \vdots \end{pmatrix} \quad N_{conv}+1 \qquad (2.83)$$

$nV_r(C_p\rho)_{air}$ $-\Sigma A_i \alpha_{conv}^i - nV_r(C_p\rho)_{air}$

$\mathbf{C_o}$ の（N_{total}, $N_{conv}+1$）要素は通常の $\mathbf{C}$ の対角要素同様，$\mathbf{C_o}$ と $\mathbf{C}$ の行和に -1 を乗じた値が入る．

$$\boldsymbol{\theta_o} = \begin{pmatrix} \theta_{out} \\ \text{隣室温度} \\ \text{など他の} \\ \text{規定温度} \\ \text{節点} \\ \theta_{set} \end{pmatrix} \quad N_{conv}+1 \qquad (2.84)$$

$\boldsymbol{\theta_o}$ の行数は，自然室温の場合より1行増えて $N_{conv}+1$ となる．$N_{conv}+1$ 行は θ_{set} である．

以上により，自然室温計算，熱負荷計算いずれのモードにあっても，構成するマトリクスとベクトルの中身を切り換えることで，(2.18) 式のシステム状態方程式で統一的に記述した離散化式が得られた．

2-13　単室モデルのプログラミング例題

本節ではこれまで述べてきた事項の集大成として，システム状態方程式表現を適用した単室の自然室温，熱負荷計算の例題を Fortran のプログラムにして解析してみる．

図 2-27 のような単室を考える．この単室が午前 9 時から午後 5 時まで間欠空調されている．この間の冷房負荷 [W/m²] およびこの時間帯以外の自然室温 [℃] の推移を求める．単室は南面のみ外気に面し，この外壁には 3mm 単層ガラスの開口面がある．各部の寸法は図中に示してあり，HEI, WID [m] などコンピュータプログラムの変数のごとき表記にしてある．具体的な値は読者が適当に決めて欲しい．上下階，北側，東側，西側は隣室に接している．この室には RNV [1/s] の換気回数で外気が導入されている．

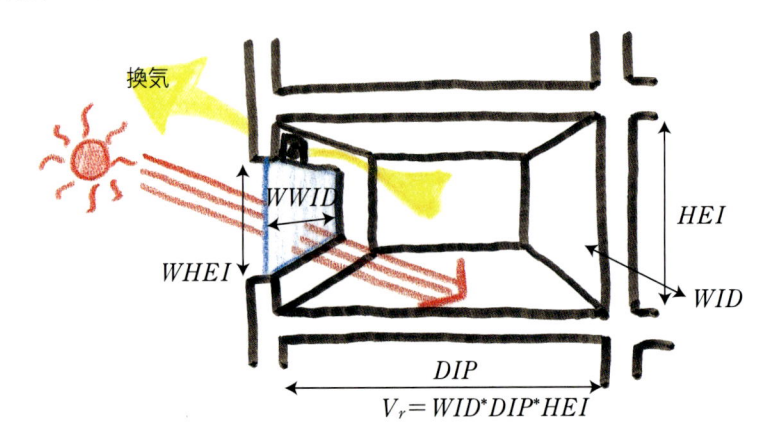

図 2-27　プログラミング例題の単室モデル

外気温度 θ_0 と日射量は表 2-1 で与える．これは，冷房設計用気象データとよばれるもので，厳しい夏期の条件が想定されている[9]．日射量は南鉛直面に入射する値 I_{sol} [kcal/(m²h)] で表現されているので，読者においては工学単位から SI 単位への変換に留意すること

表 2-1　夏期設計用気象データ／超過危険率 2.5% 適用外気温度 [℃]，南面鉛直日射量 [kcal/(m²h)]

	1	2	3	4	5	6	7	8	9	10	11	12
θ_0	27.6	27.4	27.2	26.9	26.8	27.0	28.1	29.4	30.7	31.7	32.5	33.1
I_{sol}					8	26	35	54	137	201	240	248

	13	14	15	16	17	18	19	20	21	22	23	24
	33.4	33.4	33.1	32.4	31.6	30.7	30.0	29.3	28.8	28.4	28.1	27.9
	227	176	103	38	32	21						

(1［W］= 0.86［kcal/h］の関係だけを覚えておけばよい)．日射量の空欄はゼロを意味する．

ガラス開口面を含め7面で構成されている室をここでは大胆にデフォルメして図2-28のように扱うことにしよう．2.9節で登場したカマクラのような構造だ．外壁とガラス開口面はそのままに，天井，床と隣室との間仕切り壁を合わせ（合計面積を保存しながら）内壁としてモデル化する．外壁は3層（外壁側からレンガ，断熱材，コンクリート），内壁はコンクリート単層壁を仮定する．ガラスの熱容量は他の壁体要素に比べて十分小さいので無視する．つまり，表面温度節点同様，熱容量のない○の節点で表現する．外壁室内側表面温度節点から未知数としての節点番号1を振り，外壁表面が7，ガラス面8，内壁室内側表面を9，隣室側表面を13，室内温度節点を14とする．なお，冷房運転時は14は熱負荷が未知数となる．屋外側および室内側の熱伝達率 α_o, α_r [W/(m²K)]，ガラスの日射透過率 TAU_g，吸収率 ABS_g，外壁の日射吸収率 ABS_w，内壁の日射吸収率 ABS_IW，材料熱物性値，その他必要な定数は読者自身が適当な資料集を当たって調べて欲しい．なお，ガラス開口面を透過した日射は全て内壁面に入射すると考える（$ABS\_IW = 1$）．

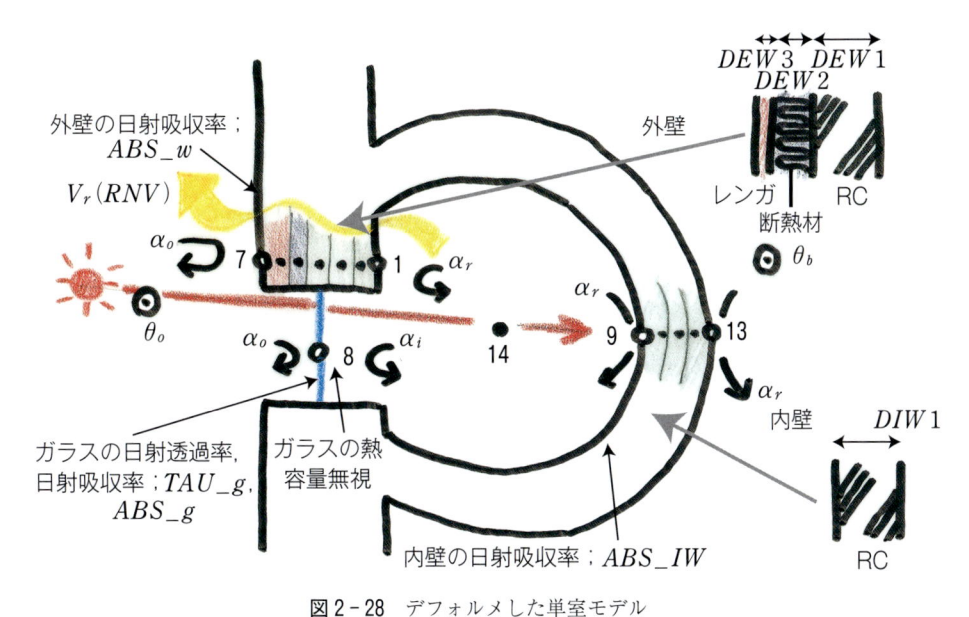

図2-28 デフォルメした単室モデル

(2.18) 式のシステム状態方程式の未知変数ベクトルと規定温度節点ベクトルを確認しておこう．まず，自然室温モードでは，14番目の未知数は室温 θ_{14}．規定温度節点ベクトルは外気温度と隣室温度 θ_o．隣室温度 θ_b は自室温度の1ステップ前の値とする．

---

[9] この設計用気象データは時刻別超過危険率2.5%を適用したデータである（文献(4-1) 参照のこと）．これを用いて冷凍機やエアコンの装置容量を決めると，過大な値になるとされている．気象データが現実には生起し得ない厳しすぎる時系列データになっているからである．

$$\boldsymbol{\theta} = \begin{bmatrix} \\ \\ \leftarrow \theta_{14} \end{bmatrix} \quad (2.85) \qquad \boldsymbol{\theta_o} = \begin{bmatrix} \leftarrow \theta_o \\ \leftarrow \theta_b \end{bmatrix} \quad (2.86)$$
$$\theta_{14|\text{previous time-step}}$$

負荷計算モードでは，14番目の未知数は熱負荷 H_{ex} である．規定温度節点ベクトルは3行構成で，外気温度と θ_o，隣室温度 θ_b に加え，3行目には冷房設定温度 θ_{set} が入る．

$$\boldsymbol{\theta} = \begin{bmatrix} \\ \\ \leftarrow H_{ex} \end{bmatrix} \quad (2.87)$$

$$\boldsymbol{\theta_o} = \begin{bmatrix} \leftarrow \theta_o \\ \leftarrow \theta_b = \theta_{14|\text{previous time-step}} \\ \leftarrow \theta_{set} \end{bmatrix} \quad (2.88)$$

先述したように気象データは1日分が付与されている．実際の計算では，この1日を繰り返し境界条件に与えて，初期条件の影響がなくなるまで繰り返し計算を行い，**日周期定常解**を得る（図2-29）．

次ページからは，Fortran のソースコードを示す．Main 文の直下に subroutine がマージされているが，全体をまとめてコンパイルすれば，実行ファイルが生成される．出力ファイルには上記の日周期定常解の24時間時系列が書き出される．

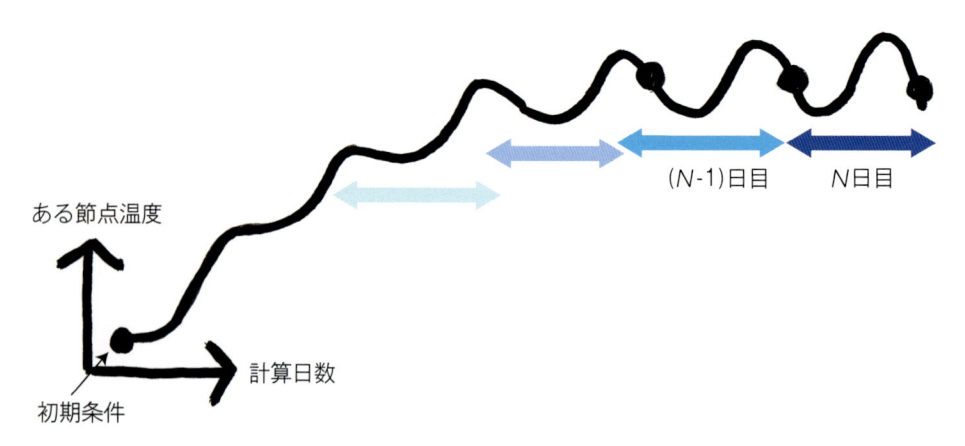

図2-29　日周期定常計算

第2章　線形システムの解析法

```
              program AC_Load_Temp
              parameter(nn=14, mm=2) ! nn;  総節点数/ mm;自然室温計算時の規定節点数
c                                        (負荷計算時には mm+1 になる)
c 【配列宣言】
c       自然室温計算時 [M],         [C],        [Co]
        real*4   M_Temp(nn,nn),C_Temp(nn,nn),Co_Temp(nn,mm),
c                   [A],     [B],        [A^-1]
       *            A_Temp(nn,nn),B_Temp(nn,nn),Ainv_Temp(nn,nn),
c                    {θo}
       *            theta_o_Temp(mm)
c       負荷計算時    [M],         [C],        [Co]
        real*4   M_Load(nn,nn),C_Load(nn,nn),Co_Load(nn,mm+1),
c                   [A],     [B],        [A^-1]
       *            A_Load(nn,nn),B_Load(nn,nn),Ainv_Load(nn,nn),
c                    {θo}
       *            theta_o_Load(mm+1)
c       未知変数ベクトル θ, フラックス付与境界条件{f}
        dimension theta(nn),f(nn),
c       日周期定常判定のための前日 24 時の未知変数ベクトル
       *            theta_24h(nn)
c       外気温度, 南壁面入射日射量
        dimension air(24),solar(24)
c       中間出力ベクトル{x1},{x2},{x3}
        dimension x1(nn),x2(nn),x3(nn)
c       【出力ファイル定義】
        open(10,file='result.csv')
c 【諸データ設定】
c    熱物性値
c                   このプログラムでは日射量が工学単位なので, 計算は全て工学単位
c                   で行い, 出力時に SI 単位に変換する.
c       λ：熱伝導率／レンガ, 断熱材, コンクリート, ガラス[kcal/(mh℃)]
        data RAMM, RAMF, RAMC, RAMgla/ 0.55, 0.032, 1.2, 0.67/
c       Cpρ：容積比熱／レンガ, 断熱材, コンクリート[kcal/(m^3℃)]
        data GAMM, GAMF, GAMC/ 332., 8.4, 462./
c       湿り空気の容積比熱[kcal/(m^3℃)]
        GAMA=1.205*0.24
        ALPI = 10. ! 室内側壁面表面熱伝達率[kcal/(m^2h℃)]
        ALPO = 20. ! 外壁屋外側表面熱伝達率[kcal/(m^2h℃)]
c       室の寸法／横・奥行・高さ・窓奥行・窓高さ[m]
        data DIP, WID, HEI, WWID, WHEI/ 3.6, 2.13, 2.6, 3.0,1.0 /
c       壁体厚／外壁3層(レンガ), 外壁2層(断熱材), 外壁1層(RC), 内壁(RC), ガラス[m]
        data DEW3, DEW2, DEW1, DIW1, Dgla/0.010, 0.10, 0.30, 0.150, 0.003/
c       外気温度[℃]の代入
        data air /27.6, 27.4, 27.2, 26.9, 26.8, 27.0, 28.1, 29.4, 30.7,
       &           31.7, 32.5, 33.1, 33.4, 33.4, 33.1, 32.4, 31.6, 30.7,
       &           30.0, 29.3, 28.8, 28.4, 28.1, 27.9/
c       南壁面入射日射量[kcal/m^2]の代入
        data solar/0.0, 0.0, 0.0, 0.0, 0.0, 8.0, 26.0, 35.0, 54.0, 137.0, 201.,
       &            240.0, 248.0, 227.0, 176.0, 103.0, 38.0, 32.0, 21.0,
       &            0.0, 0.0, 0.0, 0.0, 0.0, 0.0/
c       換気回数[1/h]
        RNV = 0.3
c       外壁日射吸収率, ガラス日射透過率, ガラス日射吸収率, 内壁日射吸収率[ND]
        data ABS_w, TAU_g, ABS_g, ABS_IW/ 0.8, 0.7, 0.1, 1.0/
c       時間離散化幅 Δt[h], 日周期定常判定 ε[□], 冷房設定温度[℃]
        data delt, Eps, theta_set/ 1. , 0.01, 28./
c       空間離散化幅
        dxE3 = DEW3/1. ! 外壁3層（レンガ）[m]
        dxE2 = DEW2/1. ! 外壁2層（断熱材）
        dxE1 = DEW1/3. ! 外壁1層（RC）
```

```
c                   dxI1 = DIW1/3.    ！内壁（RC）
c           その他予備計算
                    Vr = DIP*WID*HEI                              ！室内体積[m^3]
                    AP = 2*(DIP*WID+DIP*HEI)+WID*HEI              ！内側表面積[m^2]
                    AO = WID*HEI-WHEI*WWID                        ！外壁表面積[m^2]
                    AG = WHEI*WWID                                ！ガラス開口面表面積[m^2]
                    AF = DIP*WID            ！床面積[m^2]
c           冷暖房開始時刻の定義
                    j_on=9         ！on；冷房開始時刻
                    j_off=17       ！off；冷房終了時刻
c 【空間離散化】
c           熱キャパシタンスマトリクス[M]
c             《自然室温計算時》
                    call CLEAN(nn,nn,M_Temp)！M_Temp を初期化しておく
                    do i=2,4
                            M_Temp(i,i)=GAMC*dxE1*AO        ！外壁1層（RC）
                    enddo
                    M_Temp(5,5)=GAMF*dxE2*AO        ！外壁2層（断熱材）
                    M_Temp(6,6)=GAMM*dxE3*AO        ！外壁3層（レンガ）
                    do i=10,12
                            M_Temp(i,i)=GAMC*dxI1*AP        ！内壁（RC）
                    enddo
                    M_Temp(14,14)=GAMA*Vr                         ！室内温度節点
c             《熱負荷計算時》
                    call CLEAN(nn,nn,M_Load)！M_Load を初期化しておく
                    call equal(nn,nn,nn,nn,M_Load,M_Temp)！M_Temp を M_Load にそのままコピー
                    M_Load(14,14)=0.
c           熱コンダクタンスマトリクス C と規定節点との境界条件を表すマトリクス Co
c             《自然室温計算時》
c               [C]
                    call CLEAN(nn,nn,C_Temp)
                    C_Temp(1,2)=RAMC/(dxE1/2.)*AO！外壁
                    C_Temp(2,3)=RAMC/dxE1*AO
                    C_Temp(3,4)=RAMC/dxE1*AO
                    C_Temp(4,5)=1./((0.5*dxE1/RAMC)+(0.5*dxE2/RAMF))*AO！合成
                    C_Temp(5,6)=1./((0.5*dxE2/RAMF)+(0.5*dxE3/RAMM))*AO！合成
                    C_Temp(6,7)=RAMM/(dxE3/2.)*AO
                    C_Temp(9,10)= RAMC/(dxI1/2.)*AP！内壁
                    C_Temp(10,11)=RAMC/dxI1*AP
                    C_Temp(11,12)=RAMC/dxI1*AP
                    C_Temp(12,13)=RAMC/(dxI1/2.)*AP
                    C_Temp(1,14)=ALPI*AO！外壁室内側と室温度節点との熱伝達
                    C_Temp(8,14)=1./(1./ALPI+0.5*Dgla/RAMgla)*AG！ 開口窓面室内側
c                                                                 と室温度節点との熱伝達（合成）
                    C_Temp(9,14)=ALPI*AP！内壁室内側と室温度節点との熱伝達
c           上三角->下三角へコピー
                    do i=1,nn
                            do j=1,nn
                                    if(i.lt.j)C_Temp(j,i)=C_Temp(i,j)
                            enddo
                    enddo
c               [Co]
                    call CLEAN(nn,mm,Co_Temp)
                    Co_Temp(7,1) = ALPO*AO！外壁屋外側と外気温度節点との熱伝達
                    Co_Temp(8,1) = 1./(1./ALPO+0.5*Dgla/RAMgla)*AG！ 開口窓面屋外側
c                                                                 と外気温度節点との熱伝達（合成）
                    Co_Temp(14,1) = RNV*Vr*GAMA！換気によるコンダクタンス
                    Co_Temp(13,2) = ALPI*AP！内壁隣室側と隣室温度節点との熱伝達
c           [C]の対角成分処理
                    do i=1,nn
                            C_Temp(i,i)=0.
```

第 2 章 線形システムの解析法

```
                do j=1,nn
                                if(i.ne.j)C_Temp(i,i)=C_Temp(i,i)+C_Temp(i,j)
                enddo
                do j=1,mm
                                C_Temp(i,i)=C_Temp(i,i)+Co_Temp(i,j)
                enddo
                C_Temp(i,i)=-C_Temp(i,i)
        enddo
c       《負荷計算時》
c       [C] & [Co]
        call CLEAN(nn,nn,C_Load)
        call equal(nn,nn,nn,nn,C_Load,C_Temp)
        call CLEAN(nn,mm+1,Co_Load)
        call equal(nn,mm,nn,mm,Co_Load,Co_Temp)
        do i=1,nn-1
                Co_Load(i,mm+1)=C_Temp(i,nn)！自然室温計算時のC(i,14)は
                C_Load(i,nn)=0.                 ！負荷計算時のCo(i,3)に移す
                                                ！よって負荷計算時のC(i,14)は0
c                                                    ※(2.82)式前後参照
        enddo
        Co_Load(nn,mm+1)=C_Temp(nn,nn)！負荷計算時のCo(14,3)は
c                                              自然室温計算時のC(14,14)
c                                              ※(2.83)式参照
        C_Load(nn,nn)=-1.！負荷計算時のC(14,14)は-1 ※(2.82)式参照
c 【時間離散化】※後退差分を適用
        call CLEAN(nn,nn,A_Temp)
        call CLEAN(nn,nn,B_Temp)
        call CLEAN(nn,nn,Ainv_Temp)
        call CLEAN(nn,nn,A_Load)
        call CLEAN(nn,nn,B_Load)
        call CLEAN(nn,nn,Ainv_Load)
        do i=1,nn
                do j=1,nn
                                A_Temp(i,j)=(1/delt)*M_Temp(i,j)-C_Temp(i,j)
                                Ainv_Temp(i,j)=A_Temp(i,j)
                                B_Temp(i,j)=M_Temp(i,j)/delt
                                A_Load(i,j)=(1/delt)*M_Load(i,j)-C_Load(i,j)
                                Ainv_Load(i,j)=A_Load(i,j)
                                B_Load(i,j)=M_Load(i,j)/delt
                enddo
        enddo
        call MATINV(Ainv_Temp,nn,nn)
        call MATINV(Ainv_Load,nn,nn)
c 【初期温度付与】
        do i=1,nn
                theta(i)=0.
                theta_24h(i)=theta(i)
        enddo
        theta_room=theta(nn)！室温
c 【逐次計算ループ】
        do iday=1,100！日周期定常の日ループ；上限は100日
                do j=0,23！時間ループ ※後退差分なのでj+1時の値を計算
                        if(j+1.lt.j_on.or.j+1.gt.j_off)then！自然室温計算モード
                                call PROVEM(nn,nn,B_Temp,theta,x1,nn,nn)
c                                       ↑ {x1}={B}{θ}
                                theta_o_Temp(1) = air(j+1)
                                theta_o_Temp(2) = theta_room
                                call PROVEM(nn,mm,Co_Temp,theta_o_Temp,x2,nn,mm)
c                                       ↑ {x2}={Co}{θo}
                                call CLEANV(nn,f)！{f}の初期化と{f}の付与
                                f(7)=ABS_w*solar(j+1)*AO ！      外壁の吸収日射
                                f(8)=ABS_g*solar(j+1)*AG ！      ガラスの吸入日射
                                f(9)=TAU_g*ABS_IW*solar(j+1)*AG！ガラスを透過し内壁に吸収される
```

```fortran
                                            do i=1,nn ! {x3}={x1}+{x2}+{f}
                                                    x3(i)=x1(i)+x2(i)+f(i)
                                            enddo
                                            call PROVEM(nn,nn,Ainv_Temp,x3,theta,nn,nn) ! {θ}={A^1}{x3}
                                            theta_room=theta(nn) ! 室温
                                            HEX=0.                !         ! 熱負荷
                                            if(j+1.eq.j_on-1)theta(nn)=HEX ! 冷房 off→on 時の変数切り替え処理
                                        else ! 負荷計算モード
                                            call PROVEM(nn,nn,B_Load,theta,x1,nn,nn) ! {x1}={B}{θ}
                                            theta_o_Load(1) = air(j+1)
                                            theta_o_Load(2) = theta_room
                                            theta_o_Load(3) = theta_set
                                            call PROVEM(nn,mm+1,Co_Load,theta_o_Load,x2,nn,mm+1)
c                                                    ↑ {x2}={Co}{θo}
                                            call CLEANV(nn,f) ! {f}の初期化と{f}の付与
                                            f(7)=ABS_w*solar(j+1)*AO !        外壁の吸収日射
                                            f(8)=ABS_g*solar(j+1)*AG  !        ガラスの吸入日射
                                            f(9)=TAU_g*ABS_IW*solar(j+1)*AG ! ガラスを透過し内壁に吸収される
                                            do i=1,nn ! {x3}={x1}+{x2}+{f}
                                                    x3(i)=x1(i)+x2(i)+f(i)
                                            enddo
                                            call PROVEM(nn,nn,Ainv_Load,x3,theta,nn,nn) ! {θ}={A^1}{x3}
                                            theta_room=theta_set ! 室温
                                            HEX=theta(nn)/0.86/AF ! 熱負荷（SI 単位で床面積当たり）[W/m^2]
                                            if(j+1.eq.j_off)theta(nn)=theta_room ! 冷房 off→on 時の変数切り替え処理
                                        endif
                                        write(10,100)iday,j+1,(theta(i),i=1,nn-1),theta_room,HEX !毎時出力
                                enddo
c                       日周期定常判定
                                do i=1,nn-1
                                        if(abs(theta_24h(i)-theta(i)).gt.Eps)goto 51
                                enddo
                                goto 52
   51                   continue
                                do i=1,nn-1
                                        theta_24h(i)=theta(i)
                                enddo
                        enddo
c                       逐次計算ループ終端
   52           continue
                close(10)
  100           format(2(i2,','),100(f9.3,','))
  101           format(100(f9.3,','))
                stop
                end
c 以下，サブルーチン
c*******************************************************
                subroutine CLEAN(M,N,W)
c               マトリクス W(M,N)を初期化する
                DIMENSION W (M,N)
                DO 10 I=1,M
                        DO 11 J=1,N
                                W(I,J)=0.0
   11                   CONTINUE
   10           CONTINUE
                RETURN
                END
c*******************************************************
                SUBROUTINE MATINV(AI,NN,NNN2)
c               AI(nn,nn)の逆行列を求め同じ変数 AI に格納して返す
c               ただし配列宣言は AI(NN2,NN2)で
                DIMENSION AI(NNN2,NNN2),IND(1000)
```

```
              DO 102 K=1,NN
102            IND(K)=K
              DO 103 K=1,NN
               W=0.
              DO 104 I=K,NN
               IF(ABS(AI(I,1)).LE.W) GO TO 104
              W=ABS(AI(I,1))
              IR=I
104            CONTINUE
              IF(IR.EQ.K) GO TO 106
              DO 107 J=1,NN
              W=AI(K,J)
              AI(K,J)=AI(IR,J)
107            AI(IR,J)=W
              M=IND(K)
              IND(K)=IND(IR)
              IND(IR)=M
106            W=AI(K,1)
              NHK1=NN-1
              DO 108 J=1,NHK1
108            AI(K,J)=AI(K,J+1)/W
              AI(K,NN)=1.0/W
              DO 109 I=1,NN
              IF(I.EQ.K) GO TO 109
              W=AI(I,1)
              NHK2=NN-1
              DO 110 J=1,NHK2
110            AI(I,J)=AI(I,J+1)-W*AI(K,J)
              AI(I,NN)=-W*AI(K,NN)
109            CONTINUE
103            CONTINUE
              NHK3=NN-1
              DO 111 K=1,NHK3
              IF(K.EQ.IND(K)) GO TO 111
              NHK4=K+1
              DO 112 I=NHK4,NN
              IF(K.NE.IND(I)) GO TO 112
              IR=I
              GO TO 114
112            CONTINUE
114            DO 115 J=1,NN
              W=AI(J,K)
              AI(J,K)=AI(J,IR)
115            AI(J,IR)=W
              IND(IR)=IND(K)
              IND(K)=K
111            CONTINUE
              RETURN
              END
c************************************************
              subroutine CLEANV(M,V)
c              ベクトルを初期化する
              DIMENSION V(M)
              DO 10 I=1,M
                    V(I)=0.0
10             CONTINUE
              RETURN
              END
c************************************************
              SUBROUTINE PROVEM(M,N,AI,B,X,MS,NS)
c              マトリクスA(M,N)とベクトルB(N)の積を取って
c              ベクトルX(M)を得る
c              ただし配列宣言はAI(MS,NS),B(NS),X(MS)で
              DIMENSION AI(MS,NS),B(NS),X(MS)
              DO 10 I=1,M
```

```
                        X(I)=0.0
                        DO 20 J=1,N
                            X(I)=AI(I,J)*B(J)+X(I)
   20                   CONTINUE
   10       CONTINUE
            RETURN
            END
c*****************************************************
            subroutine equal(ms,ns,m,n,x,y)
c           マトリクスのコピーx(m,n)<-y(m,n)
c           ただし配列宣言は x(ms,ns),y(ms,ns)で
            dimension x(ms,ns),y(ms,ns)
            do i=1,m
                do j=1,n
                    x(i,j) = y(i,j)
                enddo
            enddo
            return
            end
```

プログラム上の注意点を述べておこう．CLEAN と CLEANV を除くサブルーチンでは，マトリクスとベクトルの配列サイズに関連して，メイン文冒頭で配列宣言している寸法（整数型の ns, ms）と実際に計算に使用している寸法（整数型の n と m）とを別々に引数として引き渡している．本プログラムでは $ns = n = 14$ かつ $ms = m = 2$ だが，複数の問題に対応する汎用プログラムを作成する場合は，メイン文での配列宣言（ns, ms）は大きめに確保しておいて，実際に計算する配列サイズは問題ごとに変えればよい．

計算結果は result.csv に書き出される．図 2-30 は最終日の出力，すなわち日周期定常解の室温と熱負荷の時刻変動である．併せて，図の右パネルでは，初期温度を全ての節点で 0℃とした影響を観ている．室温の 1 日目から 11 日目に至る推移を見ると，ほぼ 3 日で周期定常に達しているように思われる．土壌に比べればはるかに熱容量の小さい建物を解析対象とする本例では，日周期定常解を得るのに大きな助走計算は必要ないことが分かる．

読者は，このプログラムを改造して，様々なシミュレーションすることで，例えば以下の課題にチャレンジしてみて欲しい．

《課題 1》窓の大きさ，部屋の奥行き，外壁の長さなどの基本寸法を変えると，熱負荷に

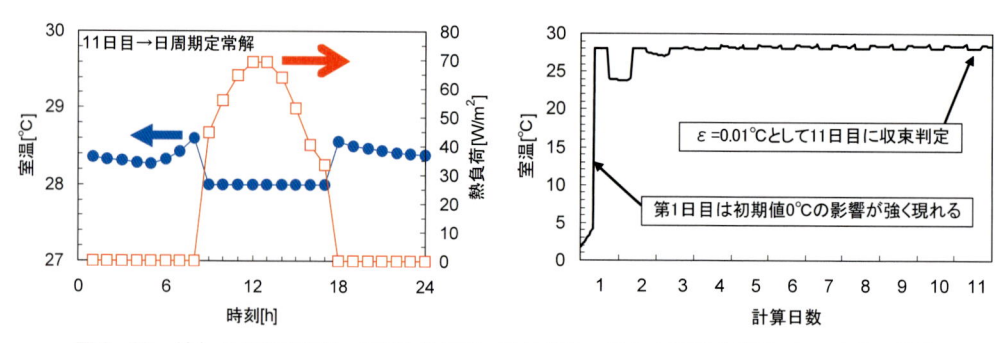

図 2-30 （左）日周期定常解；室温と熱負荷の時刻変動，（右）日周期定常解に至る室温の推移

どのような影響が出るか．

《課題2》適当な内部発熱を仮定すると，熱負荷はどうなるか．

《課題3》換気回数の熱負荷への影響．

《課題4》まず，24時間冷房として熱負荷を求めよ．得られた，冷房負荷を除去熱量として内部発熱項に考慮し，今度は24時間自然室温計算をすると，室温の推移はどうなるか．

《課題5》45ページの脚注でも説明したように，上記のプログラムは（2.73-3）式を仮定している．空調オフからオンへ推移する時間ステップでは，本当は（2.73-2）式によるべきである．その場合は，どのマトリクスのどこをどう変える必要があるか．また，それをコードに実装せよ．

2-14 有限要素法

本節ではこれまで依拠してきた検査体積法（CVM, Control Volume Method）とは異なる空間離散化法である有限要素法（FEM, Finite Element Method）について解説する．

結論を先に言っておこう．空間離散化後のシステム状態方程式（2.18）式の表現は変わらない．何度も言ってきたが，（2.18）式の表式は普遍的なものである．が，構成するベクトルとマトリクスがCVMとFEMでは異なってくる．もっと言うと，その相違が最も端的に現れるのが，熱キャパシタンスマトリクスである．どうして，そうなるのかは，以下を読み進めて納得して貰いたい．他節以上に数式が頻出するが，決して難しい内容ではないので，微分積分の記号を恐れることなく挫折せず我慢して，ついてきて欲しい．

検査体積法（以下，CVM）の空間離散化を概念的に示すと図2-31の左パネルになる．元々の連続系で表現された数学モデル（2.1）式の厳密解，つまり解析解が実線のような温度分布であるとする．CVMでは検査体積に区切った領域の熱容量をその中心に位置する節点に集中定数化し，（2.1）式の右辺を空間で1階積分した熱収支式（例えば（2.8）式から

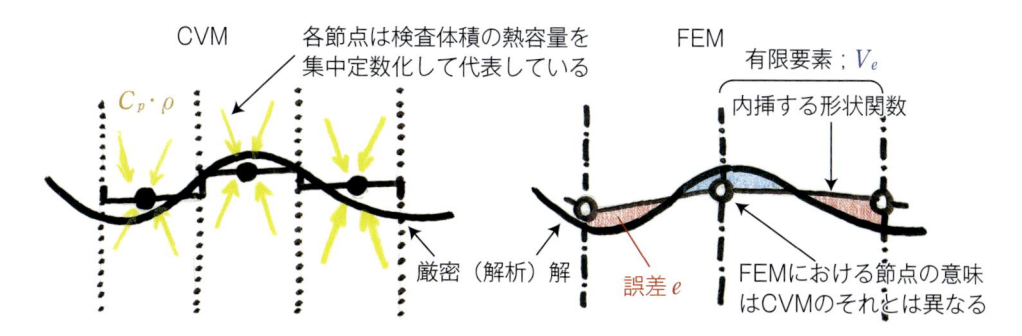

図2-31 検査体積法と有限要素法の空間離散化概念の違い

(2.17) 式) をこの検査体積で打ち立て，全体の連立方程式を求解した．この検査体積全体で見た収支は，元々の数学モデル (2.1) 式を満たしているが，それはあくまで1点集中定数化した総体が整合的であること言明しているだけで，節点間の温度分布にはまるで無頓着（勿論，離散化幅をどんどん小さくすれば，ほぼ空間連続的な分布が得られるけれど）なので，敢えて描けば図のように検査体積の界面で不連続になるだろう．尤も，実際には得られた節点温度を直線で結んだ分布をもって，数値解とすることが多いが……．いうまでもないが，有限の大きさの検査体積を設定して集中定数化した収支で (2.1) 式の代替えとすることは，必ず誤差（空間離散化誤差）を伴う（無限小の検査体積とすれば解析解に一致する）．

対して，有限要素法（以下，FEM）は発想を全く異にする．まぁ，敢えて言えばより高級な方法を講じていると謂える．まず，FEM における節点と CVM をはじめとするその他の空間離散化法の節点とは意味が根底から異なることを注意する．そこには集中定数化して熱容量を代表しているといった含意はない（だから FEM には○と●の区別はない）．まず，領域を有限の大きさをもつ要素 V_e に分割する．1次元問題であれば，隣接要素の界面に節点を配するが，これは「境界の点を特定して名付けておく」との意味である．ここで，何らかの方法（実際には内挿近似することになる）により，両端点の節点温度を用いて離散化要素内の任意の位置の温度が表現出来たとする．すると，この FEM による任意位置における温度と解析解との誤差 e が評価出来ることになる．理想的には，この誤差を任意の場所でゼロにしたいところだが，それは出来ない相談（なぜなら，それは解析解そのものを意味するわけだから）なので，次善の策として，この誤差を有限要素内で空間積分してゼロになるように両端部の節点温度を決めればいいと考える．これが，FEM の基礎を与える**レーリー・リッツ・ガラーキン法**（Rayleigh‐Ritz‐Galerkin method）の原理である．その際，任意位置での誤差に重み関数 w を考慮してやることにすると，上記の考え方は，

$$\int_{v_e} (w \cdot e)\,dv = 0 \tag{2.89}$$

と表され，誤差は

$$e = [(厳密解) - (数値解)]_{有限要素内の任意位置} \tag{2.90}$$

を意味する．いま，時間 t で有限要素内任意位置 x における数値解を $\theta_N(x,t)$ で，厳密解を θ で表すと，(2.90) 式は以下となる．

$$e = \theta - \theta_N(x,t) = C_p \rho \frac{\partial \theta_N(x,t)}{\partial t} - \lambda \frac{\partial^2 \theta_N(x,t)}{\partial x^2} \tag{2.91}$$

上式で $\theta_N(x,t) = \theta$ とすれば，(2.1) 式より誤差 $e = 0$ となるから，この表式が正しいことが諒解されるだろう．

さて，ここで問題となるのは，$\theta_N(x,t)$ をどうやって推定するかだ．有限要素両端部の温度節点の値を $\Theta(t)$ （この値は数値解である）で表すことにする．両端部2つの節点温度

$[\Theta(t)]$ を用いて，要素内温度 $\theta_N(x,t)$ を内挿する．その内挿関数を $[N(x)]$ で表すことにすれば，

$$\theta_N(x,t) = [N(x)](\Theta(t)) \tag{2.92}$$

である．FEM ではこの内挿関数のことを特に**形状関数**（Shape function）とよぶ．ここで，(2.89) 式の重み関数 w として，上記の $[N(x)]$ を採用することにすると（本来，重み関数は任意に決められるので），(2.89) 式に (2.91) 式，(2.92) 式を代入して以下を得る．

$$\int_{v_e} (N \cdot e) \, dv = \int_{v_e} {}^T[N] \left(C_p \rho \frac{\partial \theta_N(x,t)}{\partial t} - \lambda \frac{\partial^2 \theta_N(x,t)}{\partial x^2} \right) dv = 0 \tag{2.93}$$

ここで ${}^T[N]$ は $[N(x)]$ の転置行列を意味する．これで準備は整った．

ここからは例によって具体的サンプル図 2-32 を対象に，最終的な離散化式の導出プロセスを説明していこう．これは図 2-13 と同様の例題で，ここでは 4 つの有限要素 [1]～[4] に離散化する．節点数は 5 である．

まず，形状関数を顕（あら）わな形に表現しておく．本例では最も単純な線形要素内近似，

$$\theta_N(x,t) \equiv a_1 + a_2 \cdot x \tag{2.94}$$

を適用する．要素内近似にアイソパラメトリック要素（参考文献 (1-1) に詳しい）を適用すると，よりスムーズで誤差の少ない内挿近似が可能[10] だが，ここでは要素内の任意の場所における温度を両端部

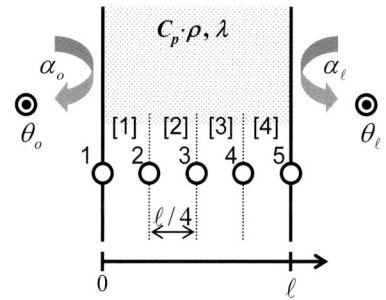

図 2-32 両側対流熱伝達境界のある単層壁解析への FEM の適用

節点温度の 1 次式で内挿する最も単純な関数形を採用しよう．図 2-33 に示す有限要素 [e] を取り上げる．要素左右両端部の絶対座標を x_L^e, x_R^e で，節点温度を Θ_L^e, Θ_R^e で表す．(2.94) 式により以下が成り立つ．

$$\begin{cases} \Theta_L^e = a_1 + a_2 \cdot x_L^e \\ \Theta_R^e = a_1 + a_2 \cdot x_R^e \end{cases} \tag{2.95}$$

a_1, a_2 について解いて，(2.94) 式に代入すると，形状関数を具体的に表すことが出来る．

$$\theta_N(x) = \frac{x_R^e - x}{x_R^e - x_L^e} \Theta_L^e + \frac{x - x_L^e}{x_R^e - x_L^e} \Theta_R^e \equiv N_1(x) \cdot \Theta_L^e + N_2(x) \cdot \Theta_R^e \tag{2.96}$$

ここで，図中に示した局所座標系 $\tilde{x}$ を導入する．この座標系 $\tilde{x}$ では，有限要素の左端部は 0 に，右端部は 1 に規約（正規）化される．絶対座標との対応関係は $\tilde{x} \equiv \frac{x - x_L^e}{x_R^e - x_L^e}$ である．この局所座標により，形状関数 $N_1(x)$, $N_2(x)$ は，

---

[10] とは言っても，(2.92) 式は有限要素の端点の節点温度の高々 1 次関数で補間することを表している．「スムーズ」と言っても線形近似の範囲内である．

$$\begin{cases} N_1(x) = 1-\check{x} \equiv N_1(\check{x}) \\ N_2(x) = \check{x} \equiv N_2(\check{x}) \end{cases} \quad (2.97)$$

となる．ここで，絶対座標と局所座標とのスケール比を求めておかねばならない．絶対座標での有限要素 [e] の大きさと局所座標のそれから，

$$\frac{\ell}{4} : 1 = dx : d\check{x} \Leftrightarrow dx = \frac{\ell}{4} d\check{x} \quad (2.98)$$

の関係を得る．この関係式は絶対座標→局所座標への長さの変換比率を表しているから，教養の数学で習った（筈の）重積分の変数変換などで馴染み深いヤコビアン（Jacobian）と同じ意味だと思えばよい．

(2.93) 式を書き改めると，

$$C_p \rho \int_{v_e} {}^{\mathrm{T}}[N] \frac{\partial \theta_N(x,t)}{\partial t} dv - \lambda \int_{v_e} {}^{\mathrm{T}}[N] \frac{\partial^2 \theta_N(x,t)}{\partial x^2} dv = 0 \quad (2.99)$$

となる．以下では，(2.99) 式左辺各項を更に変形していく．まず，左辺第 2 項だが，**ガウスの発散定理**[11] を適用する．

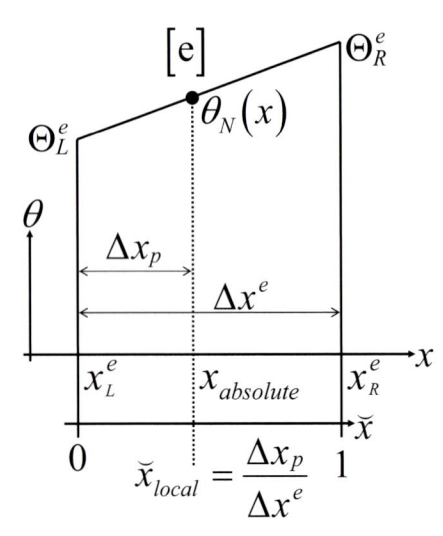

図 2-33　1 次関数による要素内近似と局所座標系

---

[11] ガウスの発散定理

図 2-34 に示すようにベクトル **u** の発散（divergence）を V で体積積分することは，ベクトル **u** の法線方向成分を，V を囲む境界曲面 S で面積分することと等価であること（物理的には納得いくだろう）を表式すると以下となる．

$$\int_V \mathrm{div}\,\mathbf{u}\,dV \left(= \int_V \nabla \cdot \mathbf{u}\,dV \right) = \int_S \mathbf{u} \cdot \mathbf{n}\,dS \Leftrightarrow \int_V \frac{\partial u_i}{\partial x_i} dV = \int_S u_i \cdot n_i dS$$

同値記号左側から右側に至るのに $\mathrm{div}\,\mathbf{u} = \frac{\partial u_x}{\partial x} + \frac{\partial u_y}{\partial y} + \frac{\partial u_z}{\partial z} = \nabla \cdot \mathbf{u}$ を使っている．

ここで $u \equiv vw$ とおけば，ガウスの発散定理は以下のように表式出来る．

$$\int_V \frac{\partial}{\partial x_i}(vw)_i dV = \int_S (vw)_i \cdot n_i dS \Leftrightarrow$$

$$\int_V \frac{\partial v_i}{\partial x_i} w_i dV = \int_S (vw)_i \cdot n_i dS - \int_V v_i \frac{\partial w_i}{\partial x_i} dV$$

同値記号左側から右側に至るのに積の微分公式 $(f \cdot g)' = f' \cdot g + f \cdot g'$ を適用している．

高校で習った部分積分

$$\int (f \cdot g)' = \int (f' \cdot g + f \cdot g') \Leftrightarrow$$

$$\int f \cdot g' = f \cdot g - \int f' \cdot g$$

はガウスの発散定理と本質的に等価である．

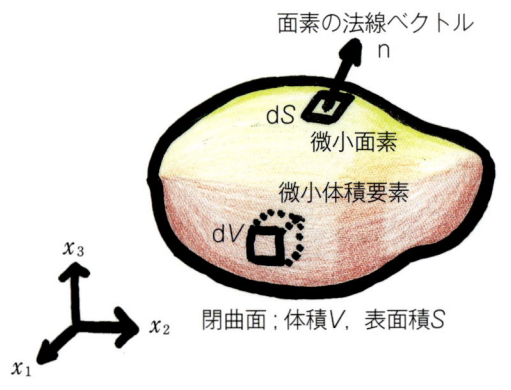

図 2-34　ガウスの発散定理

[(2.99) 式左辺第2項]

$$= -\lambda \int_{v_e} \frac{\partial^{\mathrm{T}}[N]}{\partial x} \frac{\partial \theta_N(x,t)}{\partial x} dv + \lambda \int_{s_e} {}^{\mathrm{T}}[N] \frac{\partial \theta_N(x,t)}{\partial x} ds$$

$$= -\lambda \int_{v_e} \frac{\partial^{\mathrm{T}}[N]}{\partial x} \frac{\partial [N]}{\partial x} dv(\Theta) + \lambda \int_{s_e} {}^{\mathrm{T}}[N][N] \frac{\partial \Theta}{\partial x} ds \tag{2.100}$$

第1の等号の右側に行くのに，ガウスの発散定理を適用している．第2の等号の右側に行くのに，(2.92) 式を適用している．v_e は要素 [e] の有限要素体積を，s_e は境界を表している．さて，(2.100) 式だが，最右辺第2項の境界面の積分は，実際に系の境界面に接する要素（図2-32を見るとわかるように要素 [1] と [4]）だけ考慮すればよく，境界面のない有限要素（要素 [2] と [3]）では最右辺第1項だけになる．ところで，要素 [1] と [4] の境界面では，境界条件として，

(伝導により伝搬してきたフラックス) = (対流により伝搬するフラックス)

が成立することを要請する．すなわち，

$$-\lambda \frac{\partial \Theta}{\partial x}\bigg|_{s_1} = \alpha_o(\Theta_1 - \theta_o), \quad -\lambda \frac{\partial \Theta}{\partial x}\bigg|_{s_4} = \alpha_\ell(\Theta_5 - \theta_\ell) \tag{2.101}$$

である．以上を集約すると，

要素 [1] に関して；[(2.100) 式右辺]

$$= \left[-\lambda \int_{v_1} \frac{\partial^{\mathrm{T}}[N]}{\partial x} \frac{\partial [N]}{\partial x} dx - \alpha_o \int_{s_1} {}^{\mathrm{T}}[N][N] dx \right] \binom{\Theta_1}{\Theta_2} + \alpha_o \theta_o \int_{s_1} {}^{\mathrm{T}}[N][N] dx \tag{2.102}$$

要素 [2] に関して；[(2.100) 式右辺]

$$= \left[-\lambda \int_{v_2} \frac{\partial^{\mathrm{T}}[N]}{\partial x} \frac{\partial [N]}{\partial x} dx \right] \binom{\Theta_2}{\Theta_3} \tag{2.103}$$

要素 [3] に関して；[(2.100) 式右辺]

$$= \left[-\lambda \int_{v_3} \frac{\partial^{\mathrm{T}}[N]}{\partial x} \frac{\partial [N]}{\partial x} dx \right] \binom{\Theta_3}{\Theta_4} \tag{2.104}$$

要素 [4] に関して；[(2.100) 式右辺]

$$= \left[-\lambda \int_{v_4} \frac{\partial^{\mathrm{T}}[N]}{\partial x} \frac{\partial [N]}{\partial x} dx - \alpha_\ell \int_{s_4} {}^{\mathrm{T}}[N][N] dx \right] \binom{\Theta_4}{\Theta_5} + \alpha_\ell \theta_\ell \int_{s_4} {}^{\mathrm{T}}[N][N] dx \tag{2.105}$$

となる．ここで，(2.102) 式の $\alpha_o \int_{s_1} {}^{\mathrm{T}}[N][N] dx$ は，図2-32で向かって左側の境界しかないので (2.97) で求めた形状関数の $N_2 = 0$ となる．同様に，(2.105) 式の $\alpha_\ell \int_{s_4} {}^{\mathrm{T}}[N][N] dx$ は，右側境界しかないので形状関数の $N_1 = 0$ となる．

次に（2.99）式左辺第1項を考える．再び，（2.92）式を適用して，

$$[（2.99）\text{式左辺第1項}] = C_p\rho \int_{v_e}{}^T[N][N]dv \frac{\partial}{\partial t}(\Theta) \tag{2.106}$$

を得る．各要素について顕わな形で書くと以下となる．

要素［1］に関して；［（2.99）式左辺第1項］

$$= C_p\rho \int_{v_1}{}^T[N][N]dv \frac{\partial}{\partial t}\begin{pmatrix}\Theta_1\\\Theta_2\end{pmatrix} \equiv [m_1]\frac{\partial}{\partial t}\begin{pmatrix}\Theta_1\\\Theta_2\end{pmatrix} \tag{2.107}$$

要素［2］に関して；［（2.99）式左辺第1項］

$$= C_p\rho \int_{v_2}{}^T[N][N]dv \frac{\partial}{\partial t}\begin{pmatrix}\Theta_2\\\Theta_3\end{pmatrix} \equiv [m_2]\frac{\partial}{\partial t}\begin{pmatrix}\Theta_2\\\Theta_3\end{pmatrix} \tag{2.108}$$

要素［3］に関して；［（2.99）式左辺第1項］

$$= C_p\rho \int_{v_3}{}^T[N][N]dv \frac{\partial}{\partial t}\begin{pmatrix}\Theta_3\\\Theta_4\end{pmatrix} \equiv [m_3]\frac{\partial}{\partial t}\begin{pmatrix}\Theta_3\\\Theta_4\end{pmatrix} \tag{2.109}$$

要素［4］に関して；［（2.99）式左辺第1項］

$$= C_p\rho \int_{v_4}{}^T[N][N]dv \frac{\partial}{\partial t}\begin{pmatrix}\Theta_4\\\Theta_5\end{pmatrix} \equiv [m_4]\frac{\partial}{\partial t}\begin{pmatrix}\Theta_4\\\Theta_5\end{pmatrix} \tag{2.110}$$

これで下準備は全て整った．各有限要素に関する（2.99）式が各節点温度の関数として表されたことになるので，これら4本の方程式を一括表現して，（2.18）式の如きシステム状態方程式にまとめることを考える．本例題では熱フラックス入力の境界条件ベクトル **f** はゼロベクトルなので，システム状態方程式としては，以下の表現を取る．

$$\mathbf{M}\frac{d\mathbf{\Theta}}{dt} = \mathbf{C}\mathbf{\Theta} + \mathbf{C_o}\mathbf{\Theta_o} \tag{2.111}$$

ここで，${}^T\mathbf{\Theta} = [\Theta_1\ \Theta_2\ \Theta_3\ \Theta_4\ \Theta_5]$ なる未知変数ベクトルである．以下，（2.102）式から（2.105）式，（2.107）式から（2.110）式をまとめ，（2.111）式中のベクトル，マトリクスの各要素を顕わな形で書き下す．

まず，対流による境界条件を意味するベクトル・マトリクス積 $\mathbf{C_o}\mathbf{\Theta_o}$ は，

$$\mathbf{C_o}\mathbf{\Theta_o} = \begin{cases} = \left[\alpha_o\theta_o\int_{s_1}{}^T[N][N]dx\right] = \alpha_o\theta_o\begin{bmatrix}N_1\\N_2\end{bmatrix}_{s_1} = \alpha_o\theta_o\begin{bmatrix}1\\0\end{bmatrix} \\ = \left[\alpha_\ell\theta_\ell\int_{s_4}{}^T[N][N]dx\right] = \alpha_\ell\theta_\ell\begin{bmatrix}N_1\\N_2\end{bmatrix}_{s_4} = \alpha_\ell\theta_\ell\begin{bmatrix}0\\1\end{bmatrix} \end{cases}$$

$$= {}^T[\alpha_o\theta_o\ \ 0\ \ 0\ \ 0\ \ \alpha_\ell\theta_\ell] \tag{2.112}$$

となる．これは（2.102），（2.105）式の各最終項をまとめたものである．

$$\mathbf{C\Theta} = \boxed{} \Theta \tag{2.113-1}$$

$$\blacksquare \ \Theta = \left[-\lambda \int_{v_1} \frac{\partial^{\mathrm{T}}[N]}{\partial x}\frac{\partial[N]}{\partial x}dx - \alpha_o\int_{s_1}{}^{\mathrm{T}}[N][N]dx\right]\binom{\Theta_1}{\Theta_2}$$

$$= \left[\lambda\frac{4}{\ell}\begin{bmatrix}-1 & 1\\ 1 & -1\end{bmatrix} - \alpha_o\int_{s_1}\begin{bmatrix}1\\ 0\end{bmatrix}[1\ \ 0]dx\right]\binom{\Theta_1}{\Theta_2}$$

$$= \lambda\frac{4}{\ell}\begin{bmatrix}-1-\alpha_o\dfrac{\ell}{4\lambda} & 1\\ 1 & -1\end{bmatrix}\binom{\Theta_1}{\Theta_2} \tag{2.113-2}$$

$$\blacksquare \ \Theta = \left[-\lambda\int_{v_2}\frac{\partial^{\mathrm{T}}[N]}{\partial x}\frac{\partial[N]}{\partial x}dx\right]\binom{\Theta_2}{\Theta_3} = \lambda\int_0^1\frac{d\check{x}}{dx}\frac{\partial^{\mathrm{T}}[N]}{\partial\check{x}}\frac{d\check{x}}{dx}\frac{\partial[N]}{\partial\check{x}}\frac{\ell}{4}d\check{x}\binom{\Theta_2}{\Theta_3}$$

$$= -\lambda\frac{4}{\ell}\int_0^1\frac{\partial^{\mathrm{T}}[N]}{\partial\check{x}}\frac{d\check{x}}{dx}\frac{\partial[N]}{\partial\check{x}}d\check{x}\binom{\Theta_2}{\Theta_3} = -\lambda\frac{4}{\ell}\int_0^1\begin{bmatrix}\dfrac{\partial N_1}{\partial\check{x}}\\ \dfrac{\partial N_2}{\partial\check{x}}\end{bmatrix}\begin{bmatrix}\dfrac{\partial N_1}{\partial\check{x}} & \dfrac{\partial N_2}{\partial\check{x}}\end{bmatrix}d\check{x}\binom{\Theta_2}{\Theta_3}$$

$$= -\lambda\frac{4}{\ell}\int_0^1\begin{bmatrix}-1\\ 1\end{bmatrix}[-1\ \ 1]d\check{x}\binom{\Theta_2}{\Theta_3} = \lambda\frac{4}{\ell}\begin{bmatrix}-1 & 1\\ 1 & -1\end{bmatrix}\binom{\Theta_2}{\Theta_3} \tag{2.113-3}$$

$$\blacksquare \ \Theta = \lambda\frac{4}{\ell}\begin{bmatrix}-1 & 1\\ 1 & -1\end{bmatrix}\binom{\Theta_3}{\Theta_4} \tag{2.113-3}$$

$$\blacksquare \ \Theta = \lambda\frac{4}{\ell}\begin{bmatrix}-1 & 1\\ 1 & -1-\alpha_\ell\dfrac{\ell}{4\lambda}\end{bmatrix}\binom{\Theta_4}{\Theta_5} \tag{2.113-4}$$

$$\mathbf{M}\frac{d\Theta}{dt} = \boxed{}\frac{d\Theta}{dt} \tag{2.114-1}$$

ただし，要素 $[i]$ について，

$$[m_i]\frac{d\Theta}{dt} = C_p\rho\int_{v_1}{}^{\mathrm{T}}[N][N]dv\frac{\partial}{\partial t}\binom{\Theta_i}{\Theta_{i+1}}$$

$$= C_p\rho\int_0^1\begin{bmatrix}1-\check{x}\\ \check{x}\end{bmatrix}[1-\check{x}\ \ \check{x}]\frac{\ell}{4}d\check{x}\frac{\partial}{\partial t}\binom{\Theta_i}{\Theta_{i+1}}$$

$$= \frac{C_p \rho \ell}{4} \int_0^1 \begin{bmatrix} 1-2\check{x}+\check{x}^2 & \check{x}-\check{x}^2 \\ \check{x}-\check{x}^2 & \check{x}^2 \end{bmatrix} d\check{x} \frac{\partial}{\partial t}\begin{pmatrix} \Theta_i \\ \Theta_{i+1} \end{pmatrix}$$

$$= \frac{C_p \rho \ell}{4} \begin{bmatrix} \int_0^1 (1-2x+x^2)dx & \int_0^1 (x-x^2)dx \\ \int_0^1 (x-x^2)dx & \int_0^1 x^2 dx \end{bmatrix} \frac{\partial}{\partial t}\begin{pmatrix} \Theta_i \\ \Theta_{i+1} \end{pmatrix}$$

$$= \frac{C_p \rho \ell}{24} \begin{bmatrix} 2 & 1 \\ 1 & 2 \end{bmatrix} \frac{\partial}{\partial t}\begin{pmatrix} \Theta_i \\ \Theta_{i+1} \end{pmatrix} \quad (2.114\text{-}2)$$

(2.114-2) 式で注意すべきは $\frac{\ell}{24}\begin{bmatrix} 2 & 1 \\ 1 & 2 \end{bmatrix}$ の全要素和が $\frac{\ell}{24}(2+1+1+2) = \frac{\ell}{4}$ となり，有限要素の体積に一致している点である．つまり，検査体積法の **M** では対角要素にその検査体積全体の熱容量が現れたが，有限要素法では隣接2節点周辺2×2の要素に熱容量が分散されている．

最後に今回の例題である図2-32を表面に熱容量なしの5節点の検査体積法で空間離散化した場合，有限要素法とシステム状態方程式 (2.110) 式のベクトル，マトリクスの中身がどのように異なるのかを図2-35にまとめておく．同じ5節点モデルでもCVMの **C** マトリクスはFEMのそれと相違がある．しかし，これはCVMでは表面に熱容量のない節点を設けているからであって，本質的な差異ではない．本質的に異なっているのは前パラグラフでも述べたが **M** マトリクスである．集中定数化により対角要素しかないCVMに対して，FEMでは非対角に要素を持つバンドマトリクスになっている．こうなると，2.6節で述べた通り，時間離散化に前進差分を用いたとて，空間離散化をFEMに依る限り逆行列を計算する必要があり，陽解とはいえなくなる．かつ，数値解の安定条件が課されるとなると，もはやメリットのない求解法となってしまう．

2-15 章末問題

本節ではこれまで説明してきたシステム状態方程式表現による考え方を章末問題により確認し，内容を読者の脳裏に刻印する．いずれ問題もシステム状態方程式 (2.18) 式の各ベクトル，マトリクスを顕わな形で書けとの題意である．

【問題1】図2-36のような5つの室で構成されている熱システムを考える．5室は3室の中にすっぽり収まっていてファンにより3室の空気 Q_6 [m³/s] により換気されている．その

第2章 線形システムの解析法

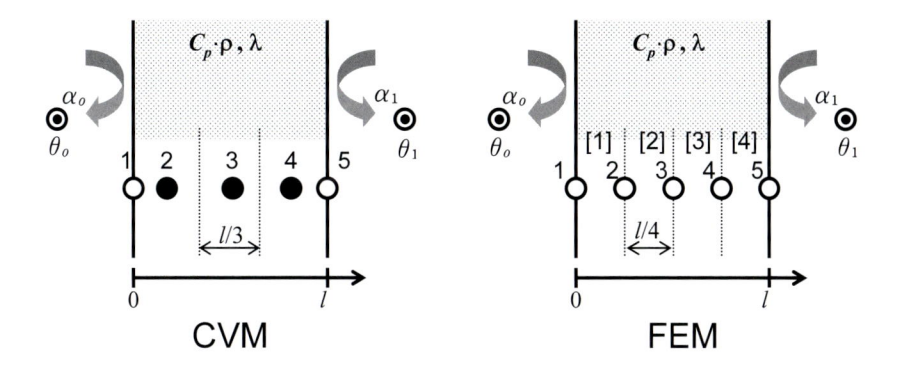

CVM, FEM で共通

$$\mathbf{M}\frac{d\mathbf{\Theta}}{dt} = \mathbf{C}\mathbf{\Theta} + \mathbf{C}_o\mathbf{\Theta}_o$$

$${}^T\mathbf{\Theta} = [\Theta_1 \quad \Theta_2 \quad \Theta_3 \quad \Theta_4 \quad \Theta_5]$$

$$\mathbf{C}_o = \begin{bmatrix} \alpha_o & 0 \\ 0 & 0 \\ 0 & 0 \\ 0 & 0 \\ 0 & \alpha_\ell \end{bmatrix} \quad \mathbf{\Theta}_o = \begin{bmatrix} \theta_o \\ \theta_\ell \end{bmatrix}$$

C

CVM:
$$\begin{bmatrix} -\frac{6\lambda}{\ell}-\alpha_o & \frac{6\lambda}{\ell} & & & \\ \frac{6\lambda}{\ell} & -\frac{9\lambda}{\ell} & \frac{3\lambda}{\ell} & & \\ & \frac{3\lambda}{\ell} & -\frac{6\lambda}{\ell} & \frac{3\lambda}{\ell} & \\ & & \frac{3\lambda}{\ell} & -\frac{9\lambda}{\ell} & \frac{6\lambda}{\ell} \\ & & & \frac{6\lambda}{\ell} & -\frac{6\lambda}{\ell}-\alpha_\ell \end{bmatrix}$$

FEM:
$$\begin{bmatrix} -\frac{4\lambda}{\ell}-\alpha_o & \frac{4\lambda}{\ell} & & & \\ \frac{4\lambda}{\ell} & -\frac{8\lambda}{\ell} & \frac{4\lambda}{\ell} & & \\ & \frac{4\lambda}{\ell} & -\frac{8\lambda}{\ell} & \frac{4\lambda}{\ell} & \\ & & \frac{4\lambda}{\ell} & -\frac{8\lambda}{\ell} & \frac{4\lambda}{\ell} \\ & & & \frac{4\lambda}{\ell} & -\frac{4\lambda}{\ell}-\alpha_\ell \end{bmatrix}$$

M

CVM:
$$\begin{bmatrix} 0 & & & & \\ & \frac{C_p\rho\ell}{3} & & & \\ & & \frac{C_p\rho\ell}{3} & & \\ & & & \frac{C_p\rho\ell}{3} & \\ & & & & 0 \end{bmatrix}$$

FEM:
$$\begin{bmatrix} \frac{C_p\rho\ell}{12} & \frac{C_p\rho\ell}{24} & & & \\ \frac{C_p\rho\ell}{24} & \frac{C_p\rho\ell}{6} & \frac{C_p\rho\ell}{24} & & \\ & \frac{C_p\rho\ell}{24} & \frac{C_p\rho\ell}{6} & \frac{C_p\rho\ell}{24} & \\ & & \frac{C_p\rho\ell}{24} & \frac{C_p\rho\ell}{6} & \frac{C_p\rho\ell}{24} \\ & & & \frac{C_p\rho\ell}{24} & \frac{C_p\rho\ell}{12} \end{bmatrix}$$

図2-35 共通のシステム状態方程式表記したCVM（左）とFEM（右）による**C**と**M**マトリクスの相違

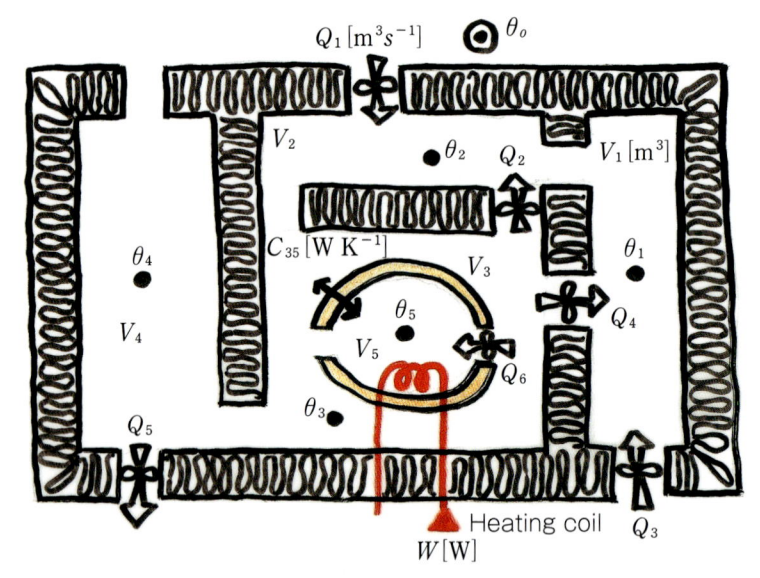

図 2-36 問題 1 の熱システム

他の開口部で換気量が記されている箇所はファンにより矢印の向きに強制的に換気されている．5室は W [W] で加熱されている．また，5室と3室の隔壁のコンダクタンスは C_{35} [W/K]（表面積の影響が考慮されていることに留意せよ）で与えられている．その他の壁体は図中で描かれているように理想的な断熱が施されていて，この熱システムの解析をする上で，壁体表面と室温度節点との間の熱伝達は無視してよいことにする．また，$Q_1+Q_3 > Q_5$ の関係が成り立っている．

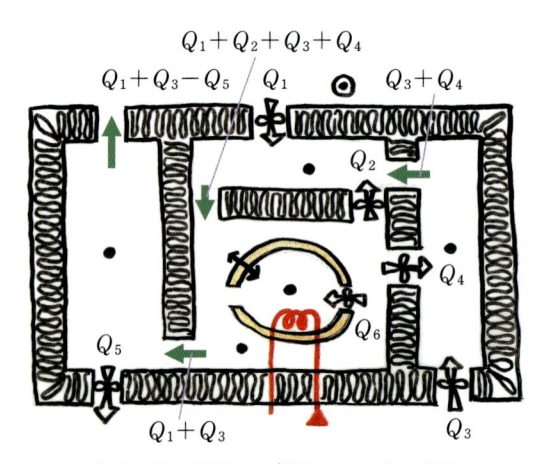

図 2-37 問題 1 の各開口における流量

[解答] 未知温度節点ベクトルは $\boldsymbol{\theta} = {}^{\mathrm{T}}[\theta_1 \cdots \theta_5]$ で定義される．まず，各室での流量収支がゼロになる条件と $Q_1+Q_3 > Q_5$ により，図 2-37 のように各開口面での流量および向きが決まる．

これに基づき，(2.18) 式 $\mathbf{M}\dfrac{d\boldsymbol{\theta}}{dt} = \mathbf{C}\boldsymbol{\theta} + \mathbf{C}_o \theta_o + \mathbf{f}$ の全てのベクトル，マトリクスが以下のように定まる．

$$\mathbf{M} = (C_p\rho)_{air} \begin{bmatrix} V_1 & & & & \\ & V_2 & & & \\ & & V_3 & & \\ & & & V_4 & \\ & & & & V_5 \end{bmatrix}$$

$$\mathbf{C} = (C_p\rho)_{air} \begin{array}{|c|c|c|c|c|} \hline -(Q_3+Q_4) & & Q_4 & & \\ \hline (Q_3+Q_4) & -(Q_1+Q_2+Q_3+Q_4) & Q_2 & & \\ \hline & (Q_1+Q_2+Q_3+Q_4) & -(Q_1+Q_2+Q_3+Q_4+Q_6) & & Q_6 \\ \hline & & (Q_1+Q_3) & -(Q_1+Q_3) & \\ \hline & & Q_6 & & -Q_6 \\ \hline \end{array}$$

$$\mathbf{C_o} = \begin{bmatrix} Q_3(C_p\rho)_{air} \\ Q_1(C_p\rho)_{air} \\ \\ \\ \end{bmatrix} \quad \boldsymbol{\theta_o} = [\theta_o] \quad \mathbf{f} = \begin{bmatrix} \\ \\ \\ \\ W \end{bmatrix}$$

【問題2】 図2-38のような4つの室，プラス空調室で構成されている熱システムを考える．各変数の意味する物理量や単位は問題1と同様である．この問題では，最上流側の4室の更に上流に空調室があって，ここで導入した外気を冷却コイルと加熱コイルによりθ_a℃に調整して，4室に給気する．

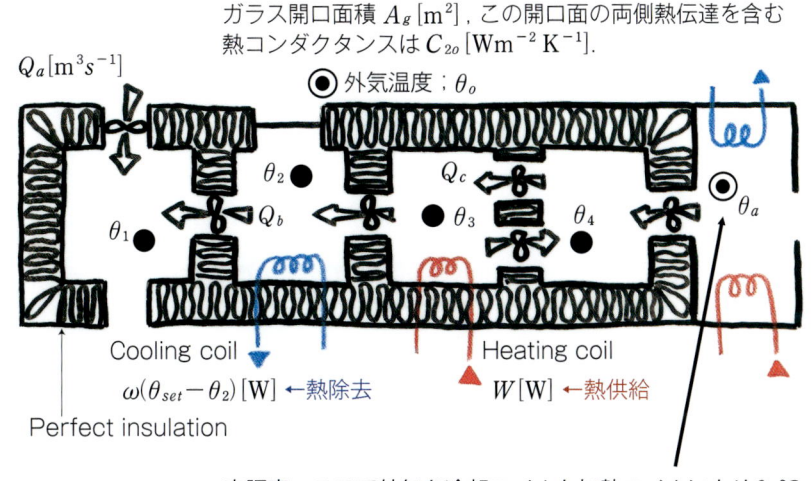

図2-38 問題2の熱システム

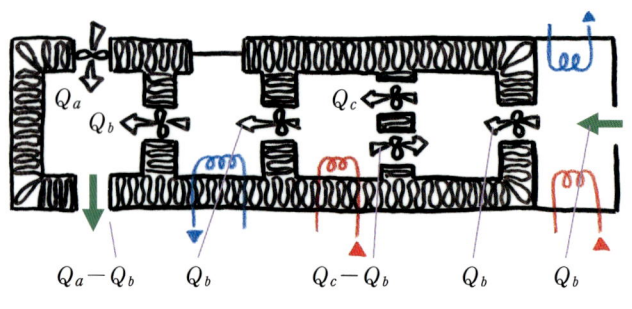

図 2-39 問題2の各開口における流量

[**解答**] 未知温度節点ベクトルは $\boldsymbol{\theta} = {}^T[\theta_1 \quad \theta_2 \quad \theta_3 \quad \theta_4]$ で定義される．各室での流量収支がゼロになるから，図 2-39 のように各開口面での流量および向きが決まる．各ベクトル，マトリクスは以下のようになる．

$$\mathbf{M} = (C_p \rho)_{air} \begin{bmatrix} V_1 & & & \\ & V_2 & & \\ & & V_3 & \\ & & & V_4 \end{bmatrix}$$

$$\mathbf{C} = \begin{bmatrix} -(Q_a+Q_b)(C_p\rho)_{air} & Q_b(C_p\rho)_{air} & & \\ & -Q_b(C_p\rho)_{air}-A_gC_{20}+\omega & Q_b(C_p\rho)_{air} & \\ & & -Q_c(C_p\rho)_{air} & Q_c(C_p\rho)_{air} \\ & & (Q_c-Q_b)(C_p\rho)_{air} & -Q_c(C_p\rho)_{air} \end{bmatrix}$$

$$\mathbf{C}_o = \begin{bmatrix} Q_a(C_p\rho)_{air} & & \\ A_gC_{20} & & -\omega \\ & & \\ & Q_b(C_p\rho)_{air} & \end{bmatrix} \quad \boldsymbol{\theta}_o = \begin{bmatrix} \theta_o \\ \theta_a \\ \theta_{set} \end{bmatrix} \quad \mathbf{f} = \begin{bmatrix} \\ \\ W \\ \end{bmatrix}$$

[**問題3**] 図 2-40 のような 4 つの室で構成されている熱システムを考える．1 室から 3 室には内部発熱 $W_1 \sim W_3$ があり，4 室はエアコンにより θ_{set} ℃ に冷房されている．熱負荷は H_{ex}[W] である．また，換気量の間には $Q_3+Q_4 > Q_1$ の関係が成り立っている．

[**解答**] 未知温度節点ベクトルは $\boldsymbol{\theta} = {}^T[\theta_1 \quad \theta_2 \quad \theta_3 \quad H_{ex}]$ で定義され

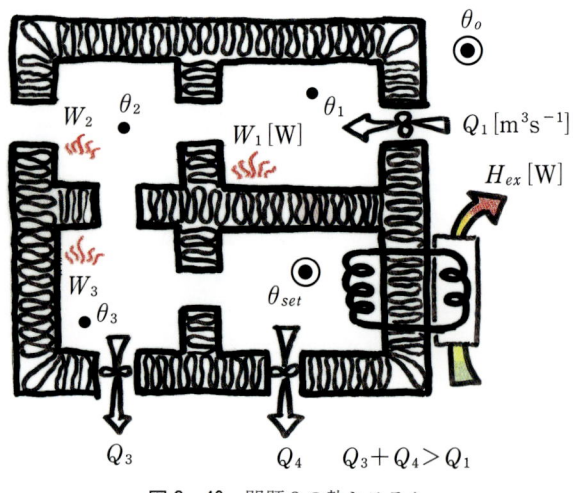

図 2-40 問題3の熱システム

る．各室での流量収支がゼロになる条件と $Q_3+Q_4>Q_1$ により，図 2-41 のように各開口面での流量および向きが決まる．各ベクトル，マトリクスは以下のようになる

$$\mathbf{M} = (C_p\rho)_{air} \begin{bmatrix} V_1 & & & \\ & V_2 & & \\ & & V_3 & \\ & & & 0 \end{bmatrix}$$

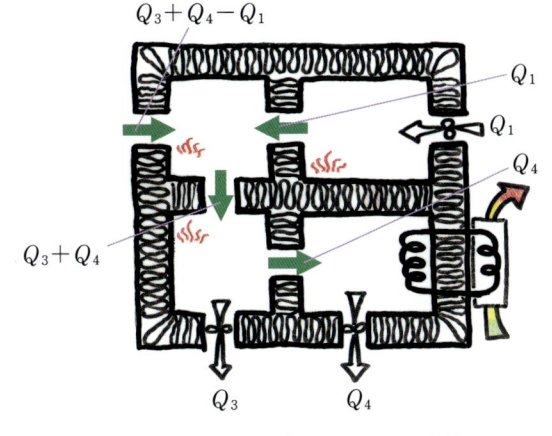

図 2-41 問題 3 の各開口における流量

$$\mathbf{C} = \begin{bmatrix} -Q_1(C_p\rho)_{air} & & & \\ Q_1(C_p\rho)_{air} & -(Q_3+Q_4)(C_p\rho)_{air} & & \\ & (Q_3+Q_4)(C_p\rho)_{air} & -(Q_3+Q_4)(C_p\rho)_{air} & \\ & & Q_4(C_p\rho)_{air} & -1 \end{bmatrix}$$

$$\mathbf{C}_o = \begin{bmatrix} Q_1(C_p\rho)_{air} & \\ (Q_3+Q_4-Q_1)(C_p\rho)_{air} & \\ & -Q_4(C_p\rho)_{air} \end{bmatrix} \quad \boldsymbol{\theta}_o = \begin{bmatrix} \theta_o \\ \theta_{set} \end{bmatrix} \quad \mathbf{f} = \begin{bmatrix} W_1 \\ W_2 \\ W_3 \end{bmatrix}$$

【問題 4】図 2-42 のような熱システムを考える．前室で外気を取り入れ，$\theta_m\,^\circ\mathrm{C}$ に調整して下流室に給気している．前室には図示するような漏気がある．下流室は対向する面 a と面 b

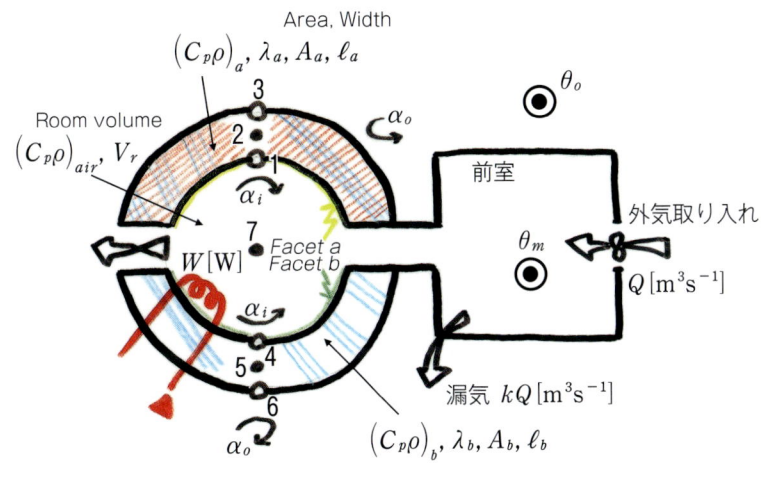

図 2-42 問題 4 の熱システム

により構成されており，一方がもう一方を見る面体面形態係数は F_{ab}, F_{ba} で表される．但し，放射熱伝達率は α_{rad} [W/m²K] とする．また，面 a と面 b は図のように空間離散化し，温度節点番号を付す．室温度節点番号は 7 である．面 a，面 b を構成する熱物性値および壁厚，面積は図のように与えられ，それぞれの裏面には外気との熱伝達境界がある．さらに，室は W[W] で加熱されている．

[解答] 未知温度節点ベクトルは $\boldsymbol{\theta} = {}^{\mathrm{T}}[\theta_1 \ \cdots \ \theta_7]$ で定義される．各ベクトル，マトリクスは以下のようになる．

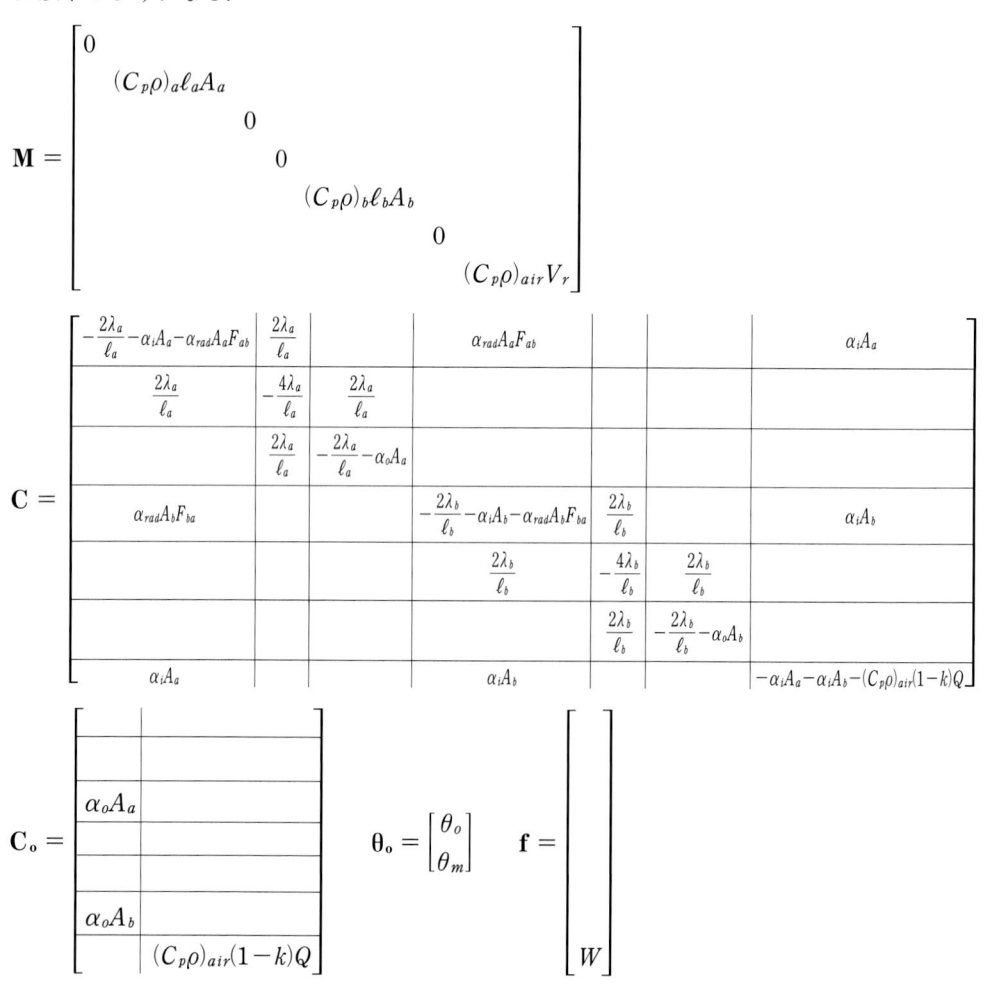

$$\mathbf{M} = \begin{bmatrix} 0 & & & & & & \\ & (C_p\rho)_a \ell_a A_a & & & & & \\ & & 0 & & & & \\ & & & 0 & & & \\ & & & & (C_p\rho)_b \ell_b A_b & & \\ & & & & & 0 & \\ & & & & & & (C_p\rho)_{air} V_r \end{bmatrix}$$

$$\mathbf{C} = \begin{bmatrix} -\frac{2\lambda_a}{\ell_a}-\alpha_i A_a-\alpha_{rad}A_a F_{ab} & \frac{2\lambda_a}{\ell_a} & & \alpha_{rad}A_a F_{ab} & & & \alpha_i A_a \\ \frac{2\lambda_a}{\ell_a} & -\frac{4\lambda_a}{\ell_a} & \frac{2\lambda_a}{\ell_a} & & & & \\ & \frac{2\lambda_a}{\ell_a} & -\frac{2\lambda_a}{\ell_a}-\alpha_o A_a & & & & \\ \alpha_{rad}A_b F_{ba} & & & -\frac{2\lambda_b}{\ell_b}-\alpha_i A_b-\alpha_{rad}A_b F_{ba} & \frac{2\lambda_b}{\ell_b} & & \alpha_i A_b \\ & & & \frac{2\lambda_b}{\ell_b} & -\frac{4\lambda_b}{\ell_b} & \frac{2\lambda_b}{\ell_b} & \\ & & & & \frac{2\lambda_b}{\ell_b} & -\frac{2\lambda_b}{\ell_b}-\alpha_o A_b & \\ \alpha_i A_a & & & \alpha_i A_b & & & -\alpha_i A_a-\alpha_i A_b-(C_p\rho)_{air}(1-k)Q \end{bmatrix}$$

$$\mathbf{C}_o = \begin{bmatrix} \\ \alpha_o A_a \\ \\ \\ \alpha_o A_b \\ (C_p\rho)_{air}(1-k)Q \end{bmatrix} \quad \boldsymbol{\theta}_o = \begin{bmatrix} \theta_o \\ \theta_m \end{bmatrix} \quad \mathbf{f} = \begin{bmatrix} \\ \\ \\ \\ \\ \\ W \end{bmatrix}$$

【問題5】図 2-43 のような 2 つの室で構成されている熱システムを考える．1 室には熱容量 m_g [J/K] の物体があり，その中心部温度 θ_m も解析対象の未知数である．この集中定数化した物体温度節点 θ_m から 1 室温度節点 θ_1 へのコンダクタンスは c_g [W/K] （表面積の影響

第2章 線形システムの解析法　71

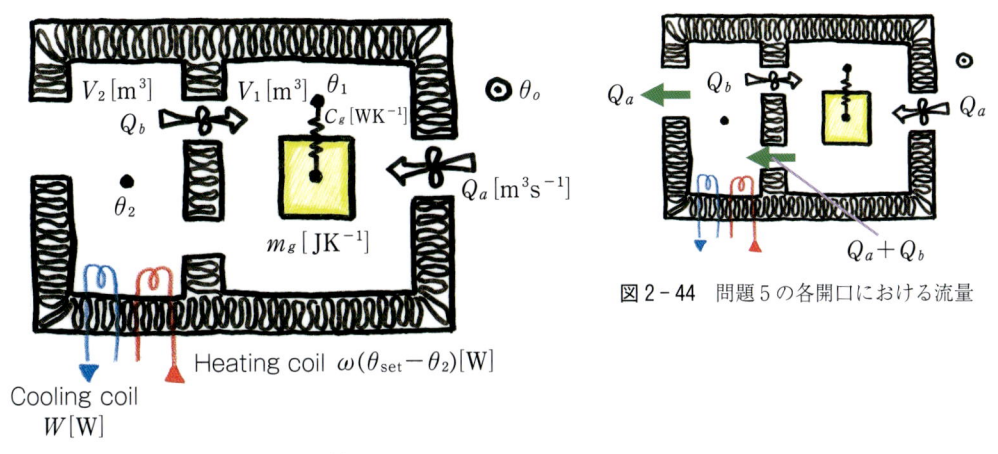

図2-43 問題5の熱システム

図2-44 問題5の各開口における流量

が考慮されていることに留意せよ）で与えられる．2室には熱除去と熱供給が施されている．

[解答] 未知温度節点ベクトルは $\boldsymbol{\theta} = {}^{\mathrm{T}}[\theta_1\ \theta_2\ \theta_m]$ で定義される．各室での流量収支がゼロになるから，図2-44のように各開口面での流量および向きが決まる．各ベクトル，マトリクスは以下のようになる．

$$\mathbf{M} = \begin{bmatrix} (C_p\rho)_{air}V_1 & & \\ & (C_p\rho)_{air}V_2 & \\ & & m_g \end{bmatrix}$$

$$\mathbf{C} = \begin{bmatrix} -(Q_a+Q_b)(C_p\rho)_{air}-C_g & Q_b(C_p\rho)_{air} & C_g \\ (Q_a+Q_b)(C_p\rho)_{air} & -(Q_a+Q_b)(C_p\rho)_{air}-\omega & \\ C_g & & -C_g \end{bmatrix}$$

$$\mathbf{C}_o = \begin{bmatrix} (C_p\rho)_{air}Q_a & \\ & \omega \\ & \end{bmatrix} \quad \boldsymbol{\theta}_o = \begin{bmatrix} \theta_o \\ \theta_{set} \end{bmatrix} \quad \mathbf{f} = \begin{bmatrix} \\ -W \\ \end{bmatrix}$$

【問題6】図2-45のような4つの室で構成されている熱システムを考える．問題1同様4室は2室に包含されており，2室からファンによる給気を受けている．2室と4室の隔壁は対向する面s_1と面s_2により構成されている．これらは完全断熱されていて，貫流熱は生じない．しかし，表面の温度節点θ_{s_1}，θ_{s_2}は互いに放射熱交換し，かつ室温度節点θ_4と対流熱交換する．面s_1，s_2の面積，形態係数は図示の通り．また，面s_2の表面にはW_3[W]のジュール発熱がある．内部発熱W_1[W]のある1室はθ_1℃に冷房されていて，冷房負荷（除去熱量を正に取っている）はH_{ex}[W]である．3室と2室の隔壁は，これまでの問題に

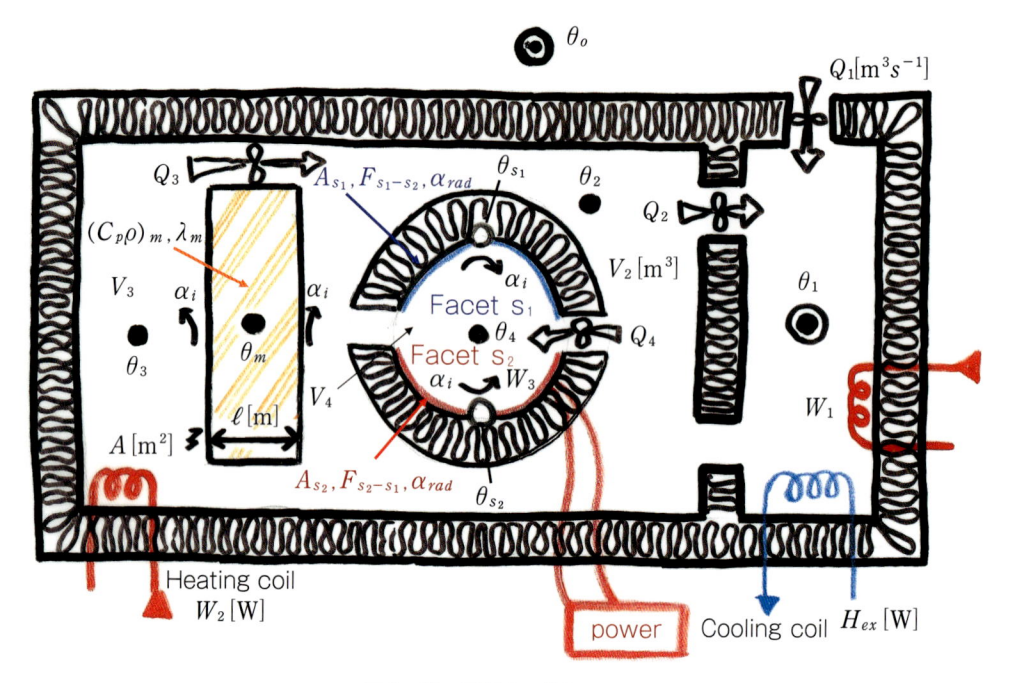

図2-45 問題6の熱システム

おける壁と異なり，伝導と表面熱伝達により熱が浸透する壁体になっている．この隔壁の熱物性，壁厚，面積は図示の通り．空間離散化上，壁体全体の熱容量は内部温度節点 θ_m で代表させる．3室には内部発熱 W_2 [W] がある．

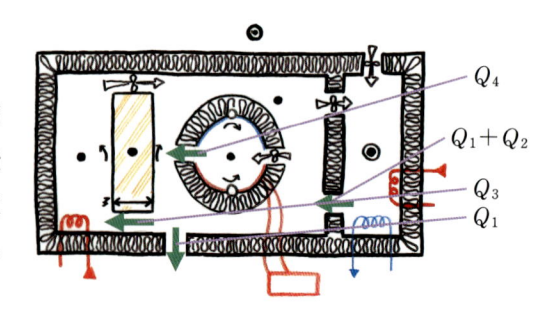

図2-46 問題6の各開口における流量

[**解答**] 未知温度節点ベクトルは $\boldsymbol{\theta} = {}^\mathrm{T}[H_{ex} \quad \theta_2 \quad \theta_3 \quad \theta_4 \quad \theta_{s_1} \quad \theta_{s_2} \quad \theta_m]$ で定義される．各室での流量収支がゼロになるから，図2-46のように各開口面での流量および向きが決まる．各ベクトル，マトリクスは以下のようになる．

$$\mathbf{M} = \begin{bmatrix} 0 & & & & & & \\ & (C_p\rho)_{air}V_2 & & & & & \\ & & (C_p\rho)_{air}V_3 & & & & \\ & & & (C_p\rho)_{air}V_4 & & & \\ & & & & 0 & & \\ & & & & & 0 & \\ & & & & & & (C_p\rho)_m A\ell \end{bmatrix}$$

$$\mathbf{C} = \begin{bmatrix} -1 & Q_2(C_p\rho)_{air} & & Q_4(C_p\rho)_{air} & & & \dfrac{A}{\dfrac{1}{\alpha_i}+\dfrac{\ell/2}{\lambda_m}} \\ & -(Q_1+Q_2+Q_3+Q_4)(C_p\rho)_{air}-\dfrac{A}{\dfrac{1}{\alpha_i}+\dfrac{\ell/2}{\lambda_m}} & Q_3(C_p\rho)_{air} & & & & \dfrac{A}{\dfrac{1}{\alpha_i}+\dfrac{\ell/2}{\lambda_m}} \\ & Q_3(C_p\rho)_{air} & -Q_3(C_p\rho)_{air}-\dfrac{A}{\dfrac{1}{\alpha_i}+\dfrac{\ell/2}{\lambda_m}} & & & & \\ & Q_4(C_p\rho)_{air} & & -Q_4(C_p\rho)_{air}-\alpha_i(A_{s_1}+A_{s_2}) & \alpha_i A_{s_1} & \alpha_i A_{s_2} & \\ & & & \alpha_i A_{s_1} & -\alpha_i A_{s_1}-\alpha_{rad}F_{s_2-s_1}A_{s_2} & \alpha_{rad}F_{s_2-s_1}A_{s_2} & \\ & & & \alpha_i A_{s_2} & \alpha_{rad}F_{s_1-s_2}A_{s_1} & -\alpha_i A_{s_2}-\alpha_{rad}F_{s_1-s_2}A_{s_1} & \\ & \dfrac{A}{\dfrac{1}{\alpha_i}+\dfrac{\ell/2}{\lambda_m}} & \dfrac{A}{\dfrac{1}{\alpha_i}+\dfrac{\ell/2}{\lambda_m}} & & & & -\dfrac{2A}{\dfrac{1}{\alpha_i}+\dfrac{\ell/2}{\lambda_m}} \end{bmatrix}$$

$$\mathbf{C}_o = \begin{bmatrix} Q_1(C_p\rho)_{air} & -(Q_1+Q_2)(C_p\rho)_{air} \\ & (Q_1+Q_2)(C_p\rho)_{air} \\ & \\ & \\ & \\ & \end{bmatrix} \quad \boldsymbol{\theta}_o = \begin{bmatrix} \theta_o \\ \theta_1 \end{bmatrix} \quad \mathbf{f} = \begin{bmatrix} W_1 \\ W_2 \\ \\ \\ W_3 \end{bmatrix}$$

第3章

ベクトル・マトリクス演算の応用

　第2章で学んだシステム状態方程式による線形システムのダイナミクス表記法は非常に便利のよいものだったが，そこでキーとなっていたのはベクトルとマトリクスを用いた支配方程式の一括表現だった．本章では，ダイナミクスの解析からは，少しハナシは逸れるけれど，ベクトルとマトリクスをうまく使うとどれほど全体の見通しが良くなるかについて，最小2（自）乗法の概念をテンプレートに説明していく．

3-1　線形重回帰分析

　線形の回帰分析を使ったことのある読者は多いのではないだろうか．例えば，環境側4因子（温度，湿度，放射温度，気流速度）とヒューマンファクター2因子（着衣量，代謝量）を考慮して体感温度を定義し（例えばSET*），これを様々変えた環境を人工気候室内に再現して，被験者に－3（寒い）から＋3（暑い）の温冷感（Thermal Sensation Vote, TSVという）を申告させる．多くの実験データを集めると，SET* と TSV には正の相関があって，(TSV) = $a \cdot$ (SET*) + b なる線形の回帰式によく当て嵌まる．この例のように説明変数が1つの線形単回帰分析は，およそどんな出来の悪い表計算ソフトにも標準装備されていて，グラフを描けば，すぐにでも回帰式を出してくれる．

　重回帰分析（Multi regression analysis）とは説明変数が複数ある場合である．例えば，エネルギー消費量を目的変数にするなら，説明変数は世帯の収入，家族人数，住居の所在地を表す変数（例えば緯度）など互いに独立な因子をいくつか言挙げできるだろう．目的変数と説明変数群との間に線形回帰モデルを当て嵌めるのが，線形重回帰分析である．これとて，大抵の表計算ソフトや統計パッケージがクリック一つでやってくれるから，読者においては裏側で何が行われているかよく分かってない向きもあるだろう．本節では，この重回帰分析，その背

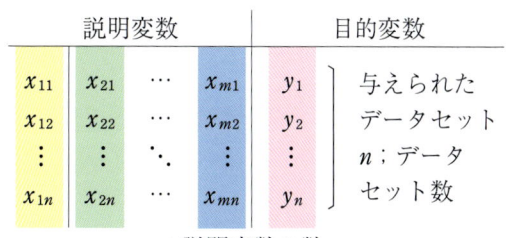

図3-1　重回帰分析データセット

後にある最小2乗法の概念をベクトル・マトリクス方程式の体裁に再整理してみよう.

図3-1に示すような説明変数の数を m とする重回帰モデルを同定する. 横（列）方向に見て左から A さんちの世帯の収入, 家族人数, 住居地緯度, …, 最後に目的変数データのエネルギー消費量が並んでいる. A さんはじめ B さん以下これらのデータセットが計 n あるとしよう.

重回帰モデルは,

$$\hat{Y} = b_0 + b_1 X_1 + b_2 X_2 + \cdots + b_m X_m \tag{3.1}$$

で, 大文字 X_i は小文字 x_{i^*} の説明変数データ列を, 大文字 Y はこの時 y^* の目的変数データ列を意味する. $*$ はワイルドカードである. $\hat{Y}$ は重回帰モデルによる推定値であり, $[b_0, b_1, \cdots b_m]$ は回帰係数である. 問題は, 与えられたデータセットに対して, (3.1) 式による推定値 $\hat{Y}$ が実測値 y を尤もよく説明するように回帰係数を同定することである.「尤もよく説明する」とは「個々の推定値と実測値の誤差が最小となる」ことと等価であると考える. 誤差は正負入り交じり絶対値演算は取り扱いが厄介なので,「誤差の2乗が最小となる」に置き換える. これを**最小2（自）乗法**という. 数式で表現すると,

$$E \equiv \sum_{i=1}^{n} (y_i - \hat{Y}_i)^2 = \sum_{i=1}^{n} (y_i - (b_0 + b_1 x_{1i} + \cdots + b_m x_{mi}))^2$$

を最小化するような $[b_0, b_1, \cdots b_m]$ を同定する, \hfill (3.2)

ということになる. E は $[b_0, b_1, \cdots b_m]$ の関数であるから, 上記を遂行するには, E の極小を見付ければよい. よって以下を得る.

$$\frac{\partial E}{\partial b_0} = 0 \Leftrightarrow -1 \times 2 \sum_{i=1}^{n} (y_i - (b_0 + b_1 x_{1i} + \cdots + b_m x_{mi})) = 0$$

$$\Leftrightarrow n b_0 + b_1 \sum_{i=1}^{n} x_{1i} + b_2 \sum_{i=1}^{n} x_{2i} + b_m \sum_{i=1}^{n} x_{mi} = \sum_{i=1}^{n} y_i \tag{3.3}$$

1つ目の同値記号左から右側に行く際には, 合成関数の微分を使っている.

$$\frac{\partial E}{\partial b_1} = 0 \Leftrightarrow -\sum_{i=1}^{n} x_{1i} \times 2 \sum_{i=1}^{n} (y_i - (b_0 + b_1 x_{1i} + \cdots + b_m x_{mi})) = 0$$

$$\Leftrightarrow b_0 \sum_{i=1}^{n} x_{1i} + b_1 \sum_{i=1}^{n} x_{1i}^2 + b_2 \sum_{i=1}^{n} x_{1i} x_{2i} + b_m \sum_{i=1}^{n} x_{1i} x_{mi} = \sum_{i=1}^{n} x_{1i} y_i \tag{3.4}$$

$$\frac{\partial E}{\partial b_m} = 0 \Leftrightarrow -\sum_{i=1}^{n} x_{mi} \times 2 \sum_{i=1}^{n} (y_i - (b_0 + b_1 x_{1i} + \cdots + b_m x_{mi})) = 0$$

$$\Leftrightarrow b_0 \sum_{i=1}^{n} x_{mi} + b_1 \sum_{i=1}^{n} x_{1i} x_{mi} + b_2 \sum_{i=1}^{n} x_{2i} x_{mi} + b_m \sum_{i=1}^{n} x_{mi}^2 = \sum_{i=1}^{n} x_{mi} y_i \tag{3.5}$$

以上の (3.3) 式から (3.5) 式をまとめてベクトル・マトリクス表現すると,

$$\mathbf{X}^T \mathbf{X} \vec{b} = \mathbf{X} \vec{Y} \tag{3.6}$$

ここで，$\mathbf{X} = \begin{bmatrix} 1 & 1 & \cdots & 1 \\ x_{11} & x_{12} & \cdots & x_{1n} \\ \vdots & \vdots & \ddots & \vdots \\ x_{m1} & x_{m2} & \cdots & x_{mn} \end{bmatrix}$, $\vec{Y} = \begin{bmatrix} y_1 \\ y_2 \\ \vdots \\ y_n \end{bmatrix}$, $\vec{b} = \begin{bmatrix} b_0 \\ b_1 \\ \vdots \\ b_m \end{bmatrix}$ である．前章では小文字表記の太字でベクトルを表したが，本章では文字上に→を付すことでベクトルを表記することにする．

読者においては，(3.6) 式を展開して (3.3) 式から (3.5) 式に一致することを確認して欲しい．(3.6) 式を最小2乗法の特性方程式という．(3.6) 式を $\vec{b}$ について解くと，

$$\vec{b} = [\mathbf{X}^\mathrm{T}\mathbf{X}]^{-1}\mathbf{X}\vec{Y} \quad (3.7)$$

を得る．斯くて，$[b_0, b_1, \cdots b_m]$ は (3.7) 式を解くことで求められることが見通せたわけだ．

図 3-2 は，(3.1) 式が表意する平面とデータセットのプロットとの関係を $m = 2$ を例に説明している．重回帰式は $m = 2$ の場合，平面の方程式を意味し，(3.2) 式で定義した誤差 E はデータプロットと平面との Y 軸投影距離を表すことが理解される．

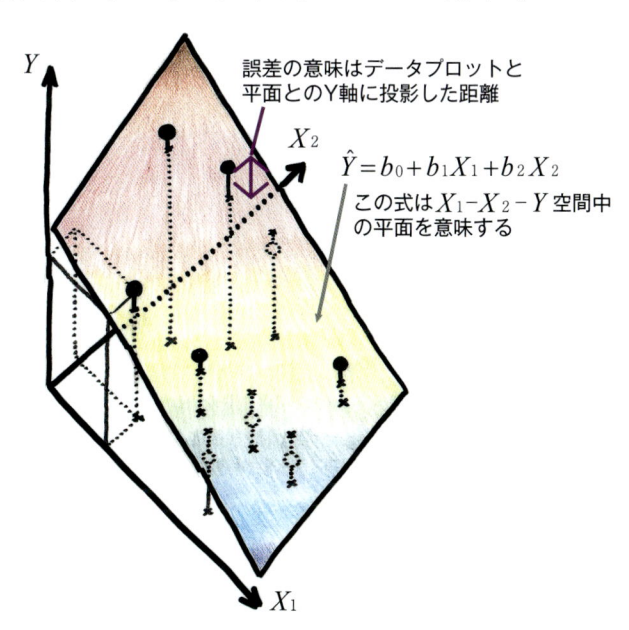

図 3-2 重回帰分析の幾何的な意味

3-2 最小2乗解

連立方程式の解法を考える．以下のように未知数 m の 1 次方程式が n セットあるとしよう．未知数 $X_1, \cdots, X_m$ を求める問題である．

$$a_{11}X_1 + a_{12}X_2 + \cdots + a_{1m}X_m = b_1 \quad (3.8\text{-}1)$$
$$a_{21}X_1 + a_{22}X_2 + \cdots + a_{2m}X_m = b_2 \quad (3.8\text{-}2)$$
$$\vdots$$
$$a_{n1}X_1 + a_{n2}X_2 + \cdots + a_{nm}X_m = b_n \quad (3.8\text{-}3)$$

(3.6) 式に倣って，$\mathbf{A} \equiv \begin{bmatrix} a_{11} & \cdots & a_{1m} \\ \vdots & \ddots & \vdots \\ a_{n1} & \cdots & a_{nm} \end{bmatrix}$, $\vec{X} \equiv \begin{bmatrix} X_1 \\ \vdots \\ X_m \end{bmatrix}$, $\vec{b} \equiv \begin{bmatrix} b_1 \\ \vdots \\ b_n \end{bmatrix}$ なる記法を用いることにしよう．

いま，$m > n$，つまり未知数の方が式の数より多ければ，この連立方程式を満たす解の組を無数に上げることが出来るので，この連立方程式は不定となる．

$m = n$ のとき，ユニークな解が求まることは，小学校以来よく知るところであろう．(3.8) 式を以下のように表記して解を得る．

$$\vec{b} = \mathbf{A}\vec{X} \Leftrightarrow \vec{X} = \mathbf{A}^{-1}\vec{b} \tag{3.9}$$

問題は，未知数より式の数の方が多い場合，つまり，$m < n$ のケースにどうするかである．斯くて，最小2乗法の出番となる．この場合，(3.8) 式は (3.10) 式のように書ける（読者においてこのことをしかと確認して欲しい）．

$$*\mathbf{A}\vec{b} = [*\mathbf{A}\mathbf{A}]\vec{X} \tag{3.10}$$

$*\mathbf{A}$ を $\mathbf{A}$ の**随伴行列**（Adjoint matrix）という．随伴行列は，各要素の共役複素数を採って，転置行列とするもので，実数行列であれば転置行列に一致する．(3.10) 式は容易に解けて，以下となる．

$$\vec{X} = [*\mathbf{A}\mathbf{A}]^{-1}*\mathbf{A}\vec{b} \tag{3.11}$$

これを**最小2乗解**（Least square solution）という．また，$[*\mathbf{A}\mathbf{A}]^{-1}*\mathbf{A}$ を**一般化逆行列**といい，$m = n$ のとき読者のよく知る通常の逆行列に一致する．

最小2乗解の意味を幾何的に押さえておこう．例として，2元の連立方程式を考える．いま $m = n = 2$ のとき，解は図3-3に示すように，与式が表す2本の直線の交点を意味する．これは，小学校以来，読者のよく知るところである．

$2 = m < n = 5$ の最小2乗解を図3-4に示す．未知数に対して与式の数の方が多い，いわば情報過多の状況下で「解」をどうするか？　図から諒解されるように最小2乗解とは各直線から距離を取って，その和が最小になるように決めた（正確には以下示すように距離の2乗和）もので，直感的には至極，尤もらしい落としどころであろう．最小2乗解が，直線からの距離の2乗和最小を与える座標であることを，図3

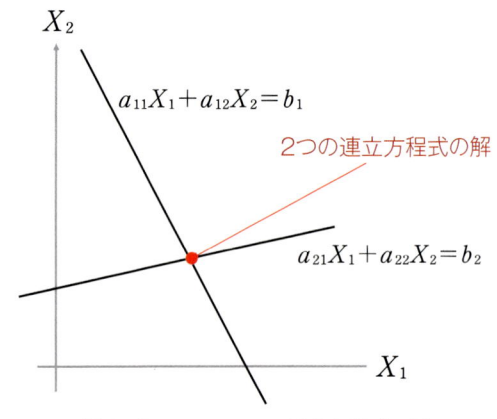

図3-3　$m = n = 2$ の連立方程式の解

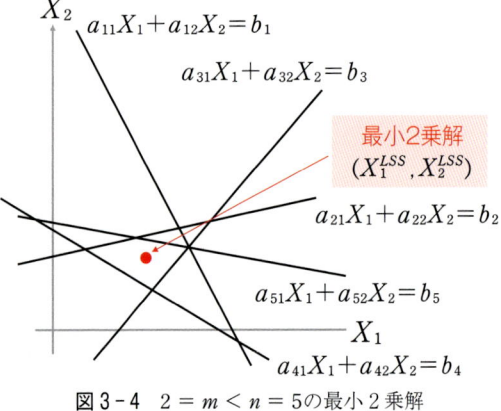

図3-4　$2 = m < n = 5$ の最小2乗解

-5で確認しておこう．与えられたデータセットによる直線の方程式は，

$$a_{i1}X_1 + a_{i2}X_2 = b_i \qquad (3.12)$$

である．最小2乗解 (X_1^{LSS}, X_2^{LSS}) を通り，この直線への垂線を含む直線の方程式は，方向ベクトルに注意すれば以下で表される．

$$-a_{i2}X_1 + a_{i1}X_2 = -a_{i2}X_1^{LSS} + a_{i1}X_2^{LSS} \qquad (3.13)$$

よって，垂線の足の座標 (X_1^P, X_2^P) は，この直線と (3.12) 式の直線の交点として定まるから，両式を連立させて，

$$X_1^P = \frac{a_{i2}^2 X_1^{LSS} - a_{i1}a_{i2}X_2^{LSS} + a_{i1}b_i}{a_{i1}^2 + a_{i2}^2}, \quad X_2^P = \frac{-a_{i1}a_{i2}X_1^{LSS} + a_{i1}^2 X_2^{LSS} + a_{i2}b_i}{a_{i1}^2 + a_{i2}^2}, \qquad (3.14)$$

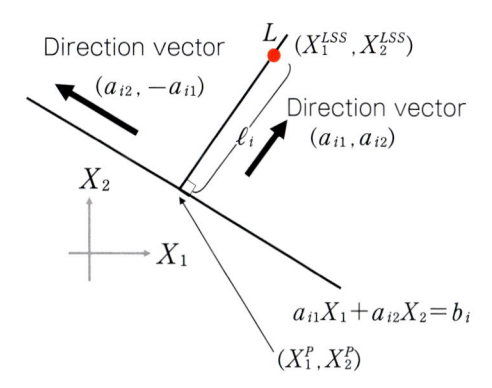

図 3-5 最小2乗解の幾何的説明

よって，垂線の長さは，

$$\begin{aligned}\ell_i^2 &= (X_1^{LSS} - X_1^P)^2 + (X_2^{LSS} - X_2^P)^2 \\ &= \left[\frac{a_{i1}^2 X_1^{LSS} + a_{i1}a_{i2}X_2^{LSS} - a_{i1}b_i}{a_{i1}^2 + a_{i2}^2}\right]^2 + \left[\frac{a_{i1}a_{i2}X_1^{LSS} + a_{i2}^2 X_2^{LSS} - a_{i2}b_i}{a_{i1}^2 + a_{i2}^2}\right]^2 \\ &= \frac{a_{i1}^2(a_{i1}X_1^{LSS} + a_{i2}X_2^{LSS} - b_i)^2 + a_{i2}^2(a_{i1}X_1^{LSS} + a_{i2}X_2^{LSS} - b_i)^2}{[a_{i1}^2 + a_{i2}^2]^2} \\ &= \frac{(a_{i1}X_1^{LSS} + a_{i2}X_2^{LSS} - b_i)^2}{a_{i1}^2 + a_{i2}^2} \end{aligned} \qquad (3.15)$$

となる．したがって，誤差2乗和として，

$$S = \sum_{i=1}^{5} \ell_i^2 = \sum_{i=1}^{5} \frac{(a_{i1}X_1^{LSS} + a_{i2}X_2^{LSS} - b_i)^2}{a_{i1}^2 + a_{i2}^2} \qquad (3.16)$$

を得る．未知数 m，方程式数 n の一般の場合に拡張すれば，この距離2乗和が以下になることは容易に諒解できる．

$$S = \sum_{i=1}^{n} \frac{\left(\sum_{j=1}^{n} a_{ij}X_j^{LSS} - b_i\right)^2}{\sum_{j=1}^{m} a_{ij}^2} \qquad (3.17)$$

あとは重回帰分析における (3.3) 式〜(3.5) 式同様，$\frac{\partial S}{\partial X_j^{LSS}} = 0$ (j は $j \leq m$ なる整数) を整理すると (3.10) 式，(3.11) 式が得られる．読者には自ら導出を確認して欲しい．

ここで，図 3-2 で説明した重回帰分析の幾何的意味と今回導出した最小2乗解のそれとの違いを2次元問題，つまり重回帰分析にあっては説明変数サイズ 2，最小2乗解にあって

は未知数サイズ 2 のケースについて示したのが図 3-6 である．プロットは重回帰分析にあっては与えられたデータセット，最小 2 乗解にあっては最小 2 乗解の座標を意味する．前者は Y 軸に投影した距離をエラーと定義し，後者では幾何的距離を採っている．

以上述べたように重回帰分析と最小 2 乗解は原理的には通底しており，いずれも最小 2 乗法を適用した概念であることが理解されただろう．また，両手法は特性方程式をベクトル・マトリクス方程式として記述することが出来，同形の構造をもつことが確認された．

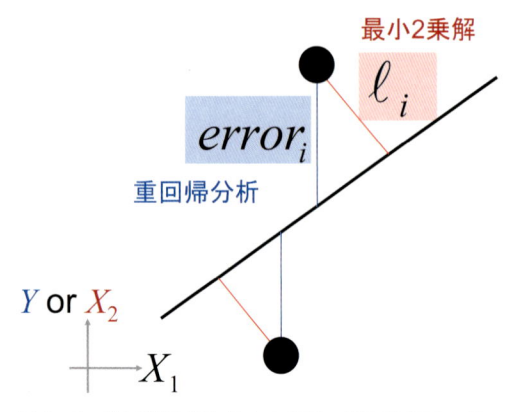

図 3-6　重回帰分析と最小 2 乗解の幾何的意味の違い

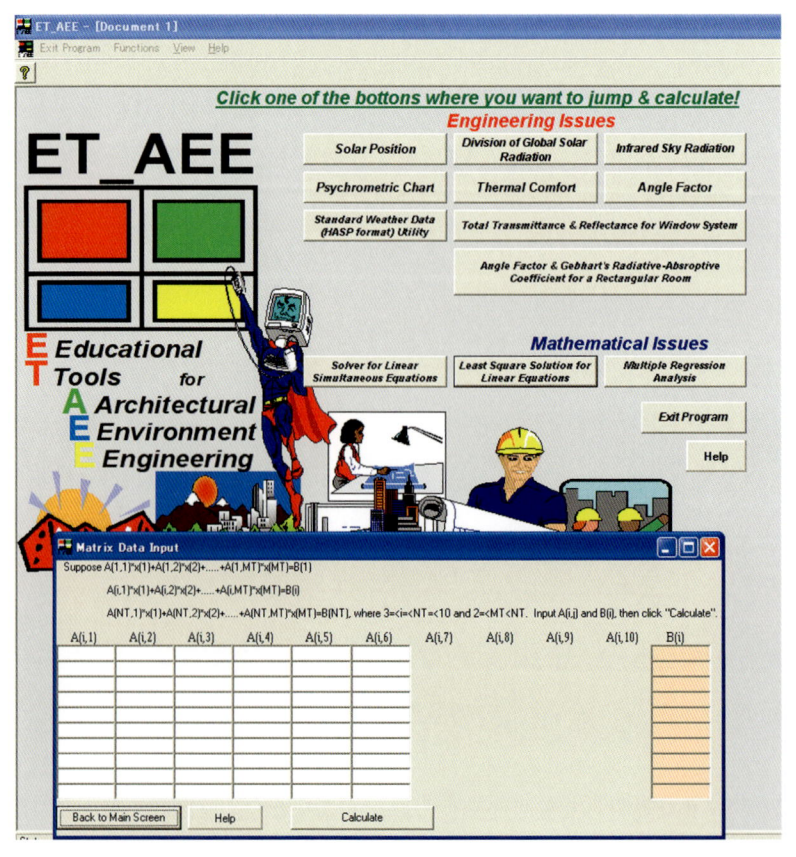

図 3-7　ET_AEE における最小 2 乗解のダイアログ画面

重回帰分析と最小2乗解の具体的演算は逆行列の解法が必要になる．2.13 節で説明したプログラム中にあるサブルーチン MATINV を流用すれば，どうということはない．是非，読者において汎用プログラムを作成して欲しい．その際，変数を倍精度で定義することを忘れずに（2 章のプログラムでは全て実数変数は単精度で定義しているので改修が必要）．筆者は，完成版の汎用プログラムをアプリケーションに組み込んだ環境工学電卓ツール ET_AEE を開発した．図3-7 はそのダイアログ画面である．読者は我が研究室の web ページ（http://ktlabo.cm.kyushu‒u.ac.jp/）からインストールファイルをダウンロードして利用することが出来る．計算してみるだけなら，このツールを使えばよい．

3-3 最小2乗解の応用

本節では最小2乗解の応用例を2つ紹介しよう．先を急ぐ読者はスキップすることも可能だが，読者の研究に供するにはむしろ前節の内容より参考になるかもしれない．

まずは，全天日射量の実測データから直達成分と天空成分を分離する**直散分離**の問題への適用例について述べる．日射の大元は太陽から放射される電磁波である．この電磁波は波長帯域により紫外域放射，可視域放射，赤外域放射などに類別され，波長の短い短波放射のうち可視域放射を日射とよんでいる．図3-8 に示すように，日射は大気圏に至ると，指向性を保持したまま地上に至る直達日射と，大気中の水蒸気や浮遊粒子などのエアロゾルにより乱反射することで天空全体を明るくし，この天空を2次光源として地上に降り注ぐ天空放射とに分解される．曇天日はエアロゾルが大きくなるので天空日射の成分比が多く，晴天日では逆に直達成分の割合が高くなる．なお，図3-8 にあるように大気圏外における法線面の日射フラックス（図3-9）を**太陽定数** I_0 [W/m^2] という．太陽定数は季節により微動するが，ほぼ一定の値である．

日射は様々な環境システムに対して大きな熱フラックスの境界条件を与えるので，予測評

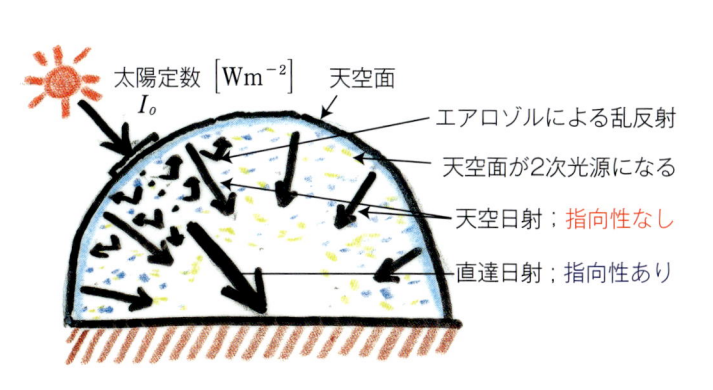

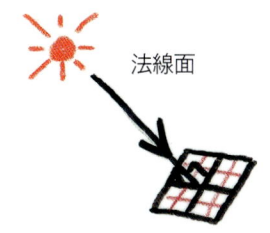

図3-8 直達日射と天空日射　　　　図3-9 法線面に入射する日射

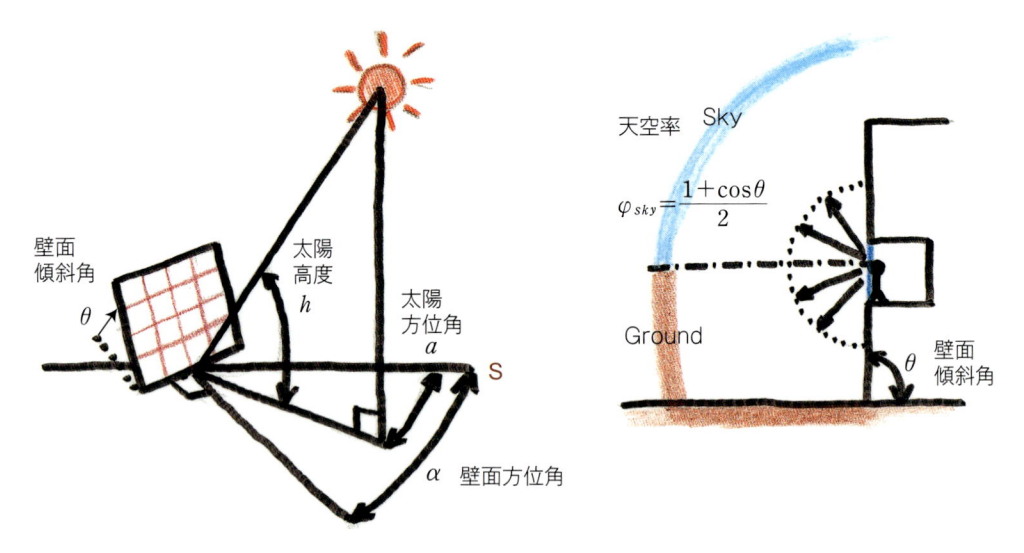

図3-10 任意の傾斜面と太陽位置の関係（左パネル）と天空率（右パネル）

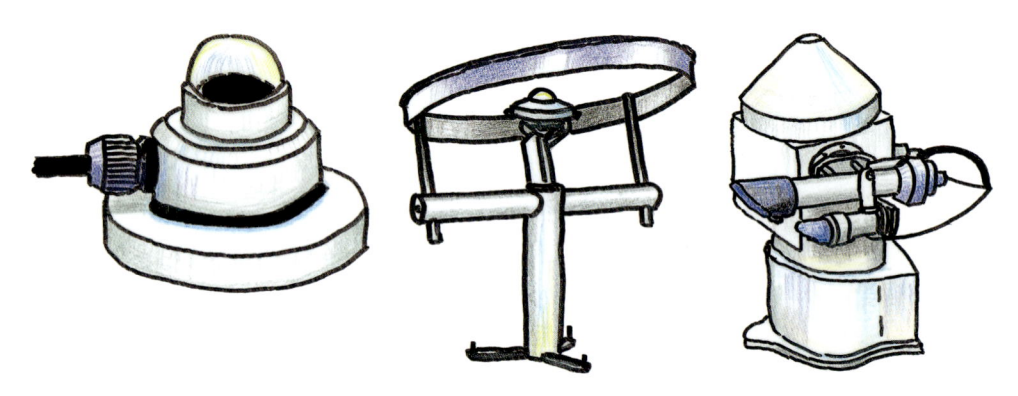

図3-11 (a)日射計（左パネル），(b)遮蔽リングの付いた天空日射量計（中パネル），(c)太陽追尾装置の付いた直達日射量計（右パネル）

価を行う上で，任意の傾斜面に入射する日射量を計算することが求められる．図3-10に示す**壁面方位角** α [deg]，**壁面傾斜角** θ [deg] の傾斜面に入射する日射量は，直達成分 I_D [W/m^2] と天空成分 I_S [W/m^2] それぞれ次式のようになる．

$$\begin{cases} I_D = I_{DN} \cdot \cos i \\ I_S = I_{SH} \cdot \varphi_{sky} = I_{SH} \cdot \dfrac{1+\cos\theta}{2} \end{cases} \quad (3.18)$$

ここで，I_{DN}；**法線面直達日射量** [W/m^2]，I_{SH}；**水平面天空日射量** [W/m^2]，φ_{sky}；**天空率** [ND]，i；**直達日射の壁面への入射角** [deg] である．天空率は図3-10の右パネルに示

すように（壁）面中央の点から天空を観る点対面形態係数を意味し，$\theta = 90$ deg のとき $\varphi_{sky} = 1/2$ となる．入射角は，図 3-10 の左パネルに示した**太陽高度** h，**太陽方位角** a（この両者を合わせて**太陽位置**という）および壁面方位角 α により以下のように表される．

$$\cos i = \cos\theta \sin h + \sin\theta \cos h \cos(a-\alpha) \tag{3.19}$$

太陽位置は，

$$\begin{cases} \sin h = \sin\phi \sin\delta + \cos\phi \cos\delta \cos t \\ \sin a = \dfrac{\cos\delta \sin t}{\cos h} \\ \cos a = \dfrac{\sin h \sin\phi - \sin\delta}{\cos h \cos\phi} \end{cases} \tag{3.20}$$

ここで，t は**時角** [deg] で，計算地点における現在時刻（標準時）に加え，標準時刻を定義している地点（日本では兵庫県明石市）の経度 [deg] と計算地点の経度 [deg] および平均太陽時と真太陽時との差分である**均時差** [deg] により定まる．均時差は地球の公転周期が楕円であるため角速度が季節により微動することに対する補正を意味する．δ は**太陽赤緯（日赤緯）** [deg] で，地球の赤道面と公転面とのなす角度を意味する．太陽赤緯は，夏至の約 23.5deg を最大値，冬至の -23.5deg を最小値に季節変動する．春分，秋分で 0deg である．また ϕ は緯度 [deg] である．以上のように[1]，太陽位置は計算地点の地理的情報（緯度，経度）と月日時刻が決まれば定まる値である．つまり，(3.18) 式の任意の傾斜面に入射する日射量は，法線直達日射量と水平面天空日射量を知れば，算定することが出来る．逆に言うと，任意傾斜面への日射量を評価するには，日射量は直達成分と天空成分に分離されていなければならない．

ところで，ここで問題が生じる．と言うのは，多くの気象官署における日射量の観測は水平面全天日射が取られているだけで，直達成分と天空成分に分離されていない．天気予報でも馴染み深い AMeDAS で無人観測されているデータには日射量すら含まれていない（日照時間は観測されている）．図 3-11 (a) に示す日射計を水平面に設置して計測したデータは直達成分と天空成分が合算されており，(3.18) 式より水平面全天日射量 I_H [W/m^2] は，

$$I_H = I_{DN} \cdot \sin h + I_{SH} \tag{3.21}$$

である．直散分離するには，水平面全天日射量の観測に加え，図 3-11 (b) に示す遮蔽リングを付けた装置により水平面天空日射量を観測するか，図 3-11 (c) に示す追尾機構を備えた装置により法線面直達日射量を観測するかが必要になる．天空日射量と直達日射量の観測は，このような特別の装置を要し，観測中のメンテナンスも必要で手間がかかる．一方，先に述べたように AMeDAS には日照時間の計測データがある．これから統計的に水平面全天日射量へと推定，変換することが出来ることが既往研究により明らかにされているか

---

[1] 任意傾斜面への日射量や太陽位置に関する説明の委細は，参考文献 (2-1) や (2-2) など標準的な建築環境工学の教科書を精読されたい．

ら，もし何らかの方法で水平面全天日射量だけから直散分離が可能なら，多数あるAMeDASポイントでの任意傾斜面入射日射量の算定が出来ることになって，非常に都合がよい[2]．直散分離の問題とは，(3.21)式を見るとわかるように，式が1つしかないところに，知りたい変量が2つあって，このままでは不定の問題となるので，何とかして式を閉じる工夫をすることだと言い換えられる．直達日射量については，ブーガー (Bouguer) の式が知られている．

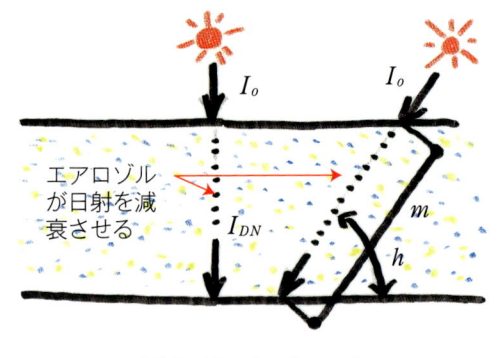

図3-12　ブーガーの式

$$I_{DN} = I_o \cdot P^m = I_o \cdot P^{\sin h} \tag{3.22}$$

図3-12に示すように，これは媒質中を進む日射の減衰を表した理論式で，式中に登場した太陽定数は，図3-8の説明でも述べたが既知のデータである．**大気透過率P [ND]** は大気の清濁度を表す量で1に近いほど大気は澄んでいる．

あとは水平面天空日射量を，大気透過率を含むこれまで登場した既知のパラメータで表式出来れば，式は閉じたことになる．天空日射量に関しては，完全な理論式というのは存在せず，半経験式，実験式のようなモデルしかない．ここでは最も基本的な**ベルラーゲ** (Berlage) **の式**を例として上げておく．

$$I_{SH} = \frac{1}{2} I_o \cdot \sin h = \frac{1-P^{1/\sin h}}{1-1.4\ln P} \tag{3.23}$$

式中には大気透過率と，太陽高度，太陽定数しかない．斯くて式は閉じたことになって，(3.22)式と(3.23)式を(3.21)式に代入，水平面全天日射量を代入して先ず大気透過率を求め，再び(3.22)式，(3.23)式に戻って水平面天空日射量と法線面直達日射量が定まる．ベルラーゲの式は，乱反射により天空が一様の輝度になるとの晴天日に満たされやすい前提に依拠しており，曇天日の直散分離には誤差が大きい．このようなことから，ベルラーゲの式に代わって曇天日にも統計的には誤差が小さくなるよないくつかのモデル式が提案されており，現在，ベルラーゲの式は殆ど用いられていない[3]．

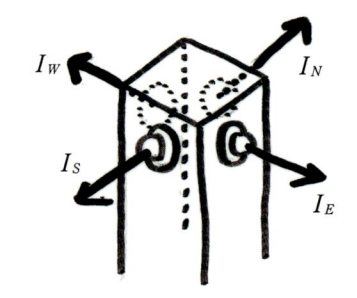

図3-13　鉛直4方位の全天日射量観測データを元に最小2乗解を適用して水平面天空日射量と法線面直達日射量を同定する

---

[2] このような背景からAMeDASポイントにおける気象データを環境システムの様々な計算に利用出来る形でまとめた拡張アメダスが赤坂らにより整備されている．詳細は参考文献（4-2）参照．

さて，以上の直散分離の問題は，水平面全天日射量を唯一の観測データとし，天空日射のモデル式を仮定することで直達成分と天空成分に分離するとの流れであった．天空日射のモデル式の誤差に応じて，不可避的に分離の誤差が生じる．ここで，屋外実験や現地観測などで，簡易かつ高精度に直散分離が可能な方法を紹介しよう．ここで最小2乗解の出番である．いま未知数が，法線面直達日射量と水平面天空日射量の2つあるわけだから，水平面全天日射量以外にもいくつか観測面を増やしてやって，観測データ数を稼いでやればよいわけだ．例えば，図3-13のように鉛直面全天日射量を4方位で同時観測する場合を考えよう．ここで，この図のような鉛直面全天日射量の観測においては，地表面の反射日射量を受照しないような工夫が必要であることを注意しておく．

鉛直面の場合，(3.19) 式は，以下のようになる．

$$\cos i = \cos h \cos(a - \alpha)$$

よって，鉛直4方位の観測データを I_N, I_E, I_S, I_W のように表す（4方位は厳密に正北，正南に向ける必要はなく，壁面方位角さえ正確に把握してあればよい）と，以下が成り立つ．

$$\begin{cases} I_N = I_{DN} \cdot \cos i_N + 0.5 I_{SH} \\ I_E = I_{DN} \cdot \cos i_E + 0.5 I_{SH} \\ I_S = I_{DN} \cdot \cos i_S + 0.5 I_{SH} \\ I_W = I_{DN} \cdot \cos i_W + 0.5 I_{SH} \end{cases} \quad (3.24)$$

ここで，$\mathbf{A} \equiv \begin{bmatrix} \cos\theta_N & 0.5 \\ \cos\theta_E & 0.5 \\ \cos\theta_S & 0.5 \\ \cos\theta_W & 0.5 \end{bmatrix}$, $\vec{X} \equiv \begin{bmatrix} I_{DN} \\ I_{SH} \end{bmatrix}$, $\vec{b} \equiv \begin{bmatrix} I_N \\ I_E \\ I_S \\ I_W \end{bmatrix}$ と定義し，(3.11) 式を解いて最小2乗解を求めれば，精度良く直散分離が行える．

2番目の例は，既存建物の熱特性を実測から推定する**パラメータ同定問題**である．対象を複数の未定パラメータを含む線形熱システムでモデル化する．パラメータとして対象の熱特性を表すよう適当な物理モデルを仮定しておき，実測データをもとに最小2乗解を適用して，未定パラメータを同定す

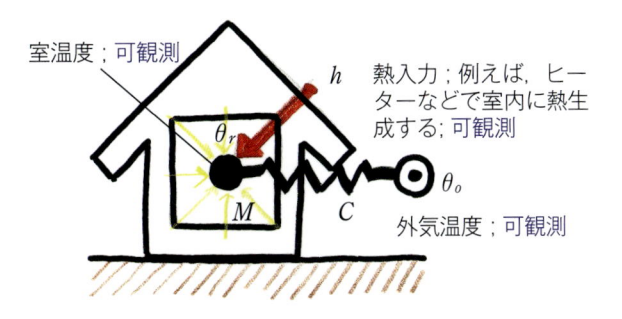

図3-14 単室モデルにより対象熱システムをデフォルメして表す

---

[3] ここでは直散分離問題の原理を説明するのが目的なので，全てのモデルの基礎を供しているベルラーゲの式を引用して説明している．

る．第2章を思い出せば，これらの熱特性を表すパラメータとしては，大略，熱的重さと断熱性を表すものになるだろうことが想像されるだろう．例えば，後者の例として換気や壁貫流による熱損失を総体的に評価する熱損失係数［W/(m²K)］が思い浮かぶかも知れない．建物の構造や壁体構成など詳細仕様が設計図書などにより把握出来るなら，これらの熱特性パラメータを求めることに大きな困難はない．だが，そんなもののない古民家や蔵のような建物の評価はどうしたらよいだろう？

　ここでは，説明のため問題を単純化して述べよう．対象を図3-14のような単室モデルでデフォルメして表す．建物全体の熱容量 M［J/K］は室内温度を1点集中定数化した節点にあると考え，換気や貫流など全ての外気との熱的やりとりを総体的コンダクタンス C［W/K］で表記する．実際には，このようなモデル化が可能なのは，建物の熱容量が大きくないときだけに限られ，また，現実の建物を単室として扱うのも無理がある．この無理を承知でデフォルメした物理モデルを立てることは，それ相当のモデル化誤差を覚悟しなければならない．

　この単室の物理モデルは，室温，外気温度を θ_r，θ_o とすれば，

$$M\frac{d\theta_r}{dt} = C(\theta_o - \theta_r) + h \tag{3.25}$$

ここで，h［W］はシステムへの熱入力である．ここで対象室において時間間隔 Δt で実測を行うとしよう．(3.25)式をクランク・ニコルソン差分により時間離散化すると，

$$M\left[\frac{1}{\Delta t}(\theta_r^{j+1} - \theta_r^j)\right] = C\left[\frac{1}{2}(\theta_o^{j+1} - \theta_o^j) - \frac{1}{2}(\theta_r^{j+1} - \theta_r^j)\right] + \frac{1}{2}(h^{j+1} + h^j)$$

$$\Leftrightarrow \left[\frac{1}{\Delta t}(\theta_r^{j+1} - \theta_r^j)\right]M + \left[-\frac{1}{2}(\theta_o^{j+1} - \theta_o^j) + \frac{1}{2}(\theta_r^{j+1} + \theta_r^j)\right]C = \frac{1}{2}(h^{j+1} + h^j) \tag{3.26}$$

を得る．ここで左辺の2つの項の大括弧内は測定可能，右辺も測定可能である．従って，実測により多数のデータセットが得られれば，未知数 M，C に関する最小2乗解が適用出来ることになる．(3.26)式をベクトル・マトリクス表現を模式的に表せば以下となり，(3.11)式を適用して $\begin{bmatrix} M \\ C \end{bmatrix}$ を得る．

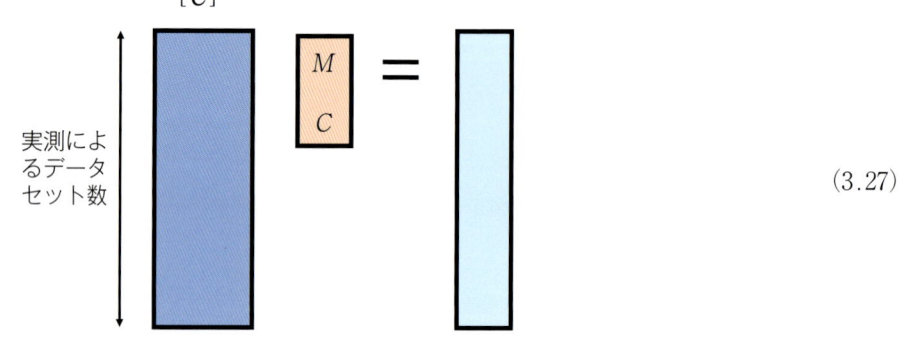

$$\tag{3.27}$$

第3章　ベクトル・マトリクス演算の応用　　　　　　　　　　　　　　　　　　　　　　　　　*87*

　本例の手法を実際に適用するには，日射の影響のない夜間に行うことが望ましい．また，式中のhで表されるヒーターの設置は必須で，図3-15に示すように，ヒーターがないと，従属性の強い実測データしか得られないので，同定する最小2乗解は不安定になる．ヒーターオフからオンにした過渡状態のデータと，オンからオフにするデータセットが併存すると，解は安定する．これは，重回帰分析で従属性の高い説明変数を含んだ統計モデルを仮定

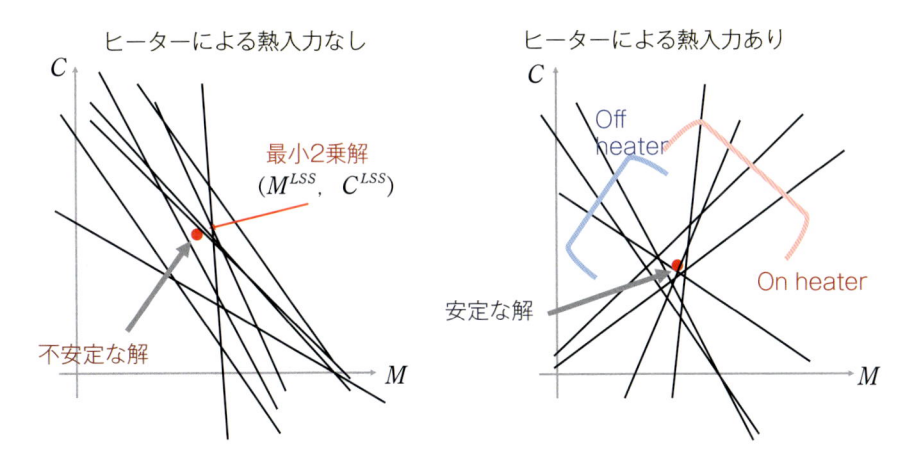

図3-15　従属性の強いデータセット（左パネル）と独立性が確保されたデータセット（右パネル）

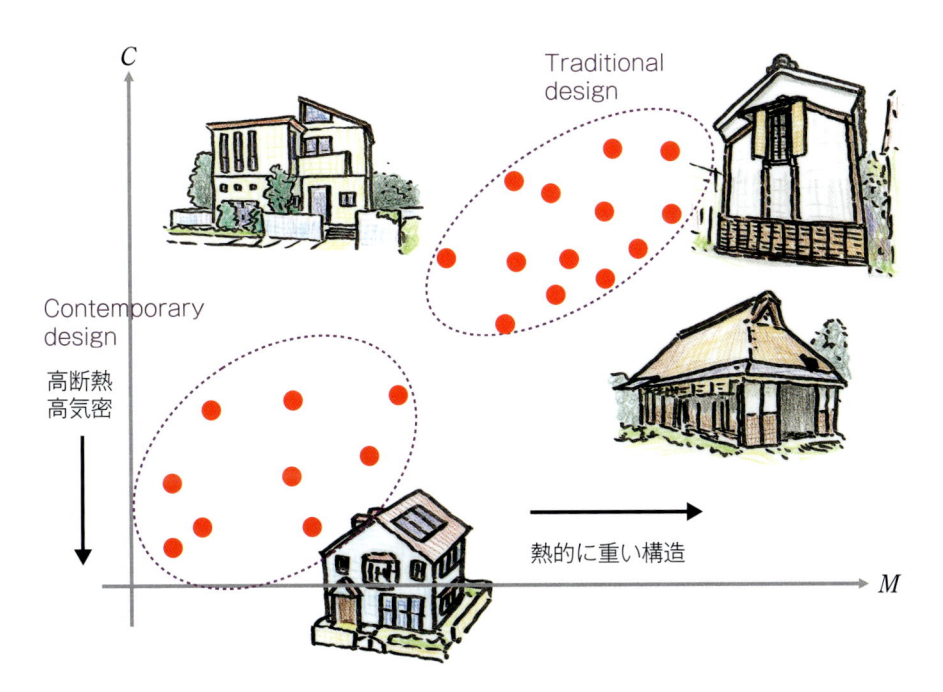

図3-16　パラメータ同定したMとCを様々プロットしてみると…

すると回帰が不安定になる，いわゆる多重共線性の問題と同様である．

　もし，以上に述べたような熱特性パラメータの同定を多数サンプルについて行ったとしよう．得られた同定データをプロットしてみると，どんなことが観察出来るだろうか？　蓋し，伝統的民家や藏造りのような建物は，熱容量が大きく，断熱性には劣るだろうし，高断熱高気密の現代住宅などはこれとは逆の特性を示すだろう．図3-16のような図が得られるのではなかろうか．興味と根性のある読者に，是非，検討して貰いたい研究テーマである．

第 4 章

非線形システムのダイナミクス

　第 2 章で登場したシステム状態方程式は線形システムを前提にした．本章では非線形システムにハナシを拡張し，そのダイナミクスの一般的性質を説明する．第 2 章では主に数値的アプローチを論じたが，ここでは演繹アプローチに着目する．後半の具体的説明には，ハナシのテンプレートとして進化ゲームを取り上げる．

4-1　線形システムの力学系

　(2.18) 式で登場したシステム状態方程式を再掲しよう．ただし，2.6 節の数値解の安定性の議論のとき同様，境界条件を取りのけておく．既述したように，境界条件はシステム外部から働く作用（この場合は「昇温させる」との作用）であり，系のダイナミクスそのものの本質には関連しない．

$$\frac{d\mathbf{x}}{dt} = \dot{\mathbf{x}} = \mathbf{A}\mathbf{x} \tag{4.1}$$

　さて，この式は線形だ．線形とは何か[1]？　いまの文脈で一番腑に落ちる説明は，システムの時間推移を示す左辺に対して等置されている右辺がベクトル・マトリクス演算で記述されている，と言えばよいだろう．つまり，システムの時間推移（ダイナミクス）が高校以来の馴染みである線形代数の守備範囲内で完結している，との性質を有している系を線形とよぶわけだ．

　$t \to \infty$ のとき (4.1) 式の $\mathbf{x}$ はどこに行くだろう？　変化が行き着くところまで行き着いて，もうこれ以上変化しない状況になるだろうと，想像されよう．つまり，$\frac{d\mathbf{x}}{dt} = \mathbf{0} \Leftrightarrow \dot{\mathbf{x}} = \mathbf{0}$ となるだろう．このような終局的状況を多くの工学分野では定常（Steady State）というが，力学系物理学（あるいは経済学など）では**均衡**（Equilibrium）とよぶ．つまり，均衡点では $\dot{\mathbf{x}} = \mathbf{0}$ である．よく均衡点を $\mathbf{x}^*$ なる記号で表す．

　(4.1) 式を普通のスカラー微分方程式のように見立てて，解いてみる．

---

[1] 「線形」との性質は，工学上はまことにありがたいものである．時間推移に激変性がないので，現在分かっている情報から将来を外挿予測するのが容易である．

$$\frac{d\mathbf{x}}{dt} = \mathbf{A}\mathbf{x} \Leftrightarrow \frac{1}{\mathbf{x}}d\mathbf{x} = \mathbf{A}dt \Leftrightarrow \mathbf{x} = \exp[\mathbf{A}t] + \mathbf{c} \tag{4.2}$$

$\mathbf{c}$ は積分定数ベクトルである．均衡では，$\dot{\mathbf{x}} = \mathbf{0}$ であった．書き換えれば，$\dot{\mathbf{x}} = \mathbf{0} \Rightarrow \mathbf{A}\mathbf{x}^* = \mathbf{0} \Leftrightarrow \mathbf{x}^* = \mathbf{0}$ である．(4.2) 式で $t \to \infty$ のとき，$\mathbf{x} \to \mathbf{0}$ となるのは如何なるケースだろうか？ 例によって，スカラーの場合からのアナロジーで考えてみよう．$t \to \infty$ のとき，$x(t) = \exp[at] \to 0$ となるには，どんな条件が要請されたか？ 言わずもがな，$a < 0$ であった．ベクトル・マトリクス方程式でも同様に考えればよい．ただし，マトリクス $\mathbf{A}$ について，固有値を取ってやる．そう…このハナシの流れ，2.6 節の数値解の安定性の議論において登場したものだ．つまり，(4.1) 式の均衡点が $\mathbf{x} \to \mathbf{0}$ となるためには，<u>$n \times n$ 行列で表されるマトリクス $\mathbf{A}$ の n 個の固有値が，全て負であればよい．よって，(4.1) 式の均衡を論じるには，時間推移を表す遷移行列 $\mathbf{A}$ の固有値を一々吟味すればいいことになる．</u>

ハナシを簡単にするため（と言って説明の一般性は失われない），$\mathbf{A}$ を 2×2 の行列だとしよう．固有値は λ_1 と λ_2 の2つある．この正負の組み合わせは，ともに正，ともに負，一方が正で他方が負の3パターンある．この固有値の正負パターンにより，いまの問題における均衡点 $\mathbf{x}^* = \mathbf{0}$ の安定性が決まる．それを図示したのが図 4-1 である．固有値が全て負ならば，いま議論俎上にある均衡点 $\mathbf{x}^*$（(4.1) 式の例では $\mathbf{x}^* = \mathbf{0}$）は安定（stable）である．この「安定」の意味は，図に示しているように，$\mathbf{x}^*$ が丁度壺の底のようになっていて，周辺はそこよりポテンシャルが高く，$\mathbf{x}^*$ の周辺では全ての状態点 $\mathbf{x}$ がここに吸引されることを言っている．言葉を換えると，(4.1) 式の例では均衡点は $\mathbf{x}^* = \mathbf{0}$ しかないので，どんな初期状態から出発しても，このシステムは終局的には $\mathbf{x}^* = \mathbf{0}$ に収束することを意味する．固有値が全て正ならば，図 4-1 中パネルのように $\mathbf{x}^* = \mathbf{0}$ は砂丘の頂点のような状況で，いかなる初期状態から出発しても，このシステムは終局的に $\mathbf{x}^* = \mathbf{0}$ に辿り着くことはない．従って，不安定（unstable）である．固有値に正負が入り交じると，図 4-1 右パネルのように $\mathbf{x}^* = \mathbf{0}$ は一方向には吸引されるが，それと線形独立な方向には湧出となり，丁度，馬の鞍のような状況になるので，やはり不安定になる．図 4-2 に模式的に示すように，このような均衡点を**鞍点**という．

以上をまとめると以下のようになる．

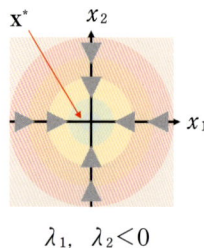

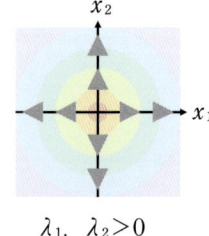

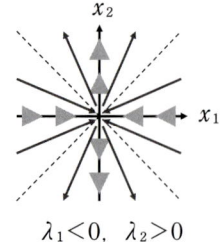

$\lambda_1, \lambda_2 < 0$
安定
吸引（シンク）

$\lambda_1, \lambda_2 > 0$
不安定
湧出（ソース）

$\lambda_1 < 0, \lambda_2 > 0$
不安定
鞍点（サドル）

図 4-1 均衡点の特性

均衡点は与えられたシステム状態方程式で$\dot{\mathbf{x}} = \mathbf{0}$とした解である．この$\mathbf{x} = \mathbf{x}^*$なる均衡点が吸引か，湧出か，はたまた鞍点かは，システムの推移行列の固有値の正負を調べればよい．固有値全てが負ならば吸引，正ならば湧出，混在すれば鞍点である．この事実は，何気ないようで途轍もなく重要である．つまり，以上のようなシステムの均衡点に関する議論が行えるのならば，一々，数値計算して定常解を求める必要はないわけだ．システムのダイナミクスを以上のように固有値の吟味に帰着させて論じる方法を演繹アプローチという．再言するが，演繹アプローチが可能であるのなら，数値解を求める必要はない．

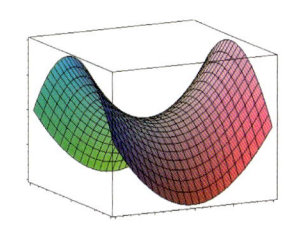

図4-2 鞍点（サドル）

以上では，(4.1)式は離散連続系のまま論じてきた．ここでは，時間離散系にすると，どんなことが見えてくるかについて説明しよう．時間離散系にする，とはもって廻った言い様だけれど，要は第2章で説明した時間離散化を(4.1)式に施すとどうなるかである．

まず手始めに時間方向前進差分を適用してみよう．(4.1)式は，

$$\mathbf{x}_{k+1} - \mathbf{x}_k = \Delta t \cdot \mathbf{A}\mathbf{x}_k$$
$$\Leftrightarrow \mathbf{x}_{k+1} = (\Delta t \cdot \mathbf{A} + \mathbf{E})\mathbf{x}_k \tag{4.3}$$

となる．このように線形連続系方程式を時間離散系にした漸化式を力学系物理学では**線形写像**（Linear mapping）ということがある．さて，(4.3)式の遷移行列$\Delta t \cdot \mathbf{A} + \mathbf{E} \equiv \mathbf{T}$は，本質的には(2.32)式と等価である．この線形写像が発散せず安定であるための必要十分条件は，遷移行列の最大固有値の絶対値が1を超えないこと，すなわち，(2.30)式に示した，

$$|\text{Max}[\text{eigen}[\mathbf{T}]]| \leq 1$$

であった．

さて，ここで，以下の考察を巡らしてみよう．元々のシステム特性としては，安定であったと仮定する．つまり，

$$\text{Max}[\text{eigen}[\mathbf{A}]] \leq 0 \tag{4.4}$$

であるとする．単位行列$\mathbf{E}$の固有値は1である．21ページで述べた「マトリクス$\mathbf{D}$の固有値λ_Dがわかっているとき，$\mathbf{D}$の関数$f(\mathbf{D})$の固有値は$f(\lambda_D)$である」ことを適用するなら，(4.4)式が成り立つとき，線形写像の遷移行列は，

$$\text{Max}[\text{eigen}[\mathbf{T}]] < -1 \tag{4.5}$$

となり得る．これは何を物語るだろうか？ (4.4)式が成り立っているときですら，$|\text{Max}[\text{eigen}[\mathbf{T}]]| \leq 1$を満たし得ない場合があることを示唆するだろう．つまり，元々のシステム特性は安定なのに，その線形写像は不安定である場合が存在することを言っているわけだ．これは驚くべき事実である．元々の性質は良純なのに，その後の「時間離散化」の操

作を誤ったがために,実際の計算が破綻してしまった,とでも言えばよかろうか.時間を離散系の写像に変換するときに不安定性が生じる,とのこの点こそが,2.6節で詳しく説明した数値解の不安定性に他ならない.同じ線形写像でも,元々のシステム状態方程式を時間方向後退差分で近似するとどうなるだろうか.

$$\mathbf{x}_{k+1} - \mathbf{x}_k = \Delta t \cdot \mathbf{A}\mathbf{x}_{k+1}$$
$$\Leftrightarrow \mathbf{x}_{k+1} = [1 - \Delta t \cdot \mathbf{A}]^{-1}\mathbf{x}_k = \mathbf{T}\mathbf{x}_k \tag{4.6}$$

よって,(4.4)式が成り立つなら,

$$0 < \text{Max}[\text{eigen}[\mathbf{T}]] < 1 \tag{4.7}$$

が成り立つ.この線形写像は,決して発散することはなく,かつ2.7節で述べた数値的振動を引き起こすこともない.時間方向後退差分によれば,元々の性質は良純なら,その後の「時間離散化」の操作を施しても,その良純さが崩れることがない,と喩えられよう.

4-2 非線形システムの力学系

システム状態方程式が $\mathbf{f}$ なる非線形関数で表記される連続系力学系,

$$\frac{d\mathbf{x}}{dt} = \dot{\mathbf{x}} = \mathbf{f}(\mathbf{x}) \tag{4.8}$$

を考える.ここから以降の手続きは,解析学の至る所で見かける,どうやって非線形を扱うかの定型パターンである.要は,テーラー展開を施して微小区間について線形の近似をすることになる.(4.8)式右辺を変形すると,

$$\mathbf{f}(\mathbf{x}) = \mathbf{f}(\mathbf{x}^*) + \mathbf{f}'(\mathbf{x}^*)(\mathbf{x}-\mathbf{x}^*) + \frac{\mathbf{f}''(\mathbf{x}^*)}{2!}(\mathbf{x}-\mathbf{x}^*)^2 + \cdots$$
$$\Leftrightarrow \mathbf{f}(\mathbf{x}) \cong \mathbf{f}(\mathbf{x}^*) + \mathbf{f}'(\mathbf{x}^*)(\mathbf{x}-\mathbf{x}^*) \tag{4.9}$$

均衡点の定義から $\mathbf{f}(\mathbf{x}^*) = \mathbf{0}$ だから($\left.\frac{d\mathbf{x}}{dt}\right|_{\mathbf{x}=\mathbf{x}^*} = \mathbf{0}$ を (4.8) 式に代入すれば自明),上式は結局,近似的に以下となる.

$$\mathbf{f}(\mathbf{x}) = \mathbf{f}'(\mathbf{x}^*)(\mathbf{x}-\mathbf{x}^*) \tag{4.10}$$

もはや (4.10) 式は非線形でなく,見ての通り線形方程式に近似されている.なぜなら,

$$\mathbf{f}(\mathbf{x}) = \mathbf{f}'(\mathbf{x}^*)(\mathbf{x}-\mathbf{x}^*) = \mathbf{f}'(\mathbf{x}^*)\mathbf{x} - \mathbf{f}'(\mathbf{x}^*)\mathbf{x}^* \tag{4.11}$$

と書けば,第2の等号右辺の第1項が $\mathbf{x}$ に関する1次の項,第2項が定数項だからだ.よって,前節で述べた演繹アプローチをそのまま適用すればよいことになる.(4.11) 式から自明なように,推移行列は $\mathbf{f}'(\mathbf{x}^*)$ であるから,この行列の均衡点における固有値の正負を調べればよい.

推移行列を再度書き直すと以下になる.これは,多変数ベクトル値関数の接線の勾配によ

り構成される行列である**ヤコビ行列**（Jacobian matrix）に他ならない．

$$\mathbf{f}'(\mathbf{x}^*) = \frac{\partial \mathbf{f}(\mathbf{x})}{\partial \mathbf{x}}\bigg|_{\mathbf{x}=\mathbf{x}^*} = \begin{bmatrix} \frac{\partial f_1(\mathbf{x})}{\partial x_1} & \cdots & \frac{\partial f_1(\mathbf{x})}{\partial x_n} \\ \vdots & \ddots & \vdots \\ \frac{\partial f_n(\mathbf{x})}{\partial x_1} & \cdots & \frac{\partial f_n(\mathbf{x})}{\partial x_n} \end{bmatrix}_{\mathbf{x}=\mathbf{x}^*} \tag{4.12}$$

前節に書いた手続きを再掲しておこう．

非線形システム状態方程式 (4.8) 式の演繹アプローチとしては，まず (4.8) 式の均衡点を求める．均衡点は与えられたシステム状態方程式で $\dot{\mathbf{x}} = \mathbf{0}$ とした解である．均衡点は 1 つとは限らず，複数存在する．一般に非線形関数が 2 次式であれば 2 つ，4 次式であれば 4 つの均衡点がある．これらそれぞれの $\mathbf{x} = \mathbf{x}^*$ なる均衡点が，吸引か，湧出か，はたまた鞍点かを，システムの推移行列である (4.12) 式の固有値の正負を調べることで吟味していく．n 個全ての固有値が負であるなら，その均衡点は安定な吸引点であり，全て正であれば不安定な湧出点，正負混在すれば不安定な鞍点である．これら均衡点での吸引，湧出等の特性は，あくまでも均衡点近傍での特性である（テーラー展開時にこのことが仮定されている）から，複数ある均衡点のうち，$t \to \infty$ でどこに吸引されるかはどこからダイナミクスを出発させたか，すなわち初期値に依存することになる．前節の線形システムでは，均衡点は $\mathbf{x}^* = \mathbf{0}$ の 1 カ所しかなかったので，このような初期値依存性は気にする必要はなかったが，非線形システムではそうはいかなくなるわけだ．

4-3　2 人 2 戦略の進化ゲーム

本節では非線形システムの例として **2 人 2 戦略ゲーム**（略して **2 × 2 ゲーム**（two by two game）という）の力学系を取り上げよう．些か唐突で，牽強付会が過ぎると思う向きもあろうが，この 2 × 2 ゲームは環境問題に関連する．読者は後にそれを納得するであろう．

まず，ここで謂うゲームが一体何なのかから説き起こさなくてはならない．既述した通り，ゲームとは応用数学の一分野であり，人間の意志決定をモデル化する枠組みである．1944 年，フォン・ノイマンとモルゲンシュテルンによる「ゲームの理論と経済行動[2]」がゲーム理論に関連する研究の嚆矢になったとされる，比較的新しい数学的道具立てだ．しかし，その応用範囲は経済学，政治学などの社会科学から，生物学，情報学，物理化学など非常に広い．2 値的（binary）な協調と裏切りの戦略を持つ粒子群に空間構造を課すと，あるきっかけを経て突如，協調クラスターを構成する機構が，物質の結晶化や相転移のプロセスと類似しているため，昨今，統計物理学者などが大挙参入して，大いに活況を呈している分

---

[2] ちくま学芸文庫から 3 分冊の邦訳（銀林ら）復刻版（2009 年）が出ている．

野である．

　無限の母集団から，ランダムに2個体を選んできて，ゲームをさせる．ゲームでは，図4-3に示すように協調（Cooperation，以下Cとも略す）か裏切り（Defection，以下Dとも略す）の離散的2戦略が定義され，自他の手組4通り毎の自他の利得（Payoff）が決められている．相手の手がCであった時，自分の手もCであれば報償（Reward，以下Rとも略す），自分の手がDであれば誘惑（Temptation，以下Tとも略す）といい，相手の手がDであった時，自分の手がC

	協調 (C)	裏切り (D)
協調 (C)	R, R	S, T
裏切り (D)	T, S	P, P

R；Reward，T；Temptation，S；Sucker，P；Punishment

図4-3　2×2ゲームの利得行列

であれば，お人好し（Sucker，以下Sとも略す），自分の手もDであれば懲罰（Punishment，以下Pとも略す）という．自他で対称な構造を仮定するので，利得構造は図中の前後コンマ区切りで並べた前の値（行方向のプレーヤ（エージェント1）の利得；なお，コンマ後ろの値は列方向のプレーヤ（エージェント2）の利得）4つだけを抜き出して記述出来る．$\begin{bmatrix} R & S \\ T & P \end{bmatrix}$のことを利得行列（Payoff Matrix）とよぶ．また，プレーヤのことをエージェントともいう．この行列要素 P, R, S, T の大小関係により，ゲームは4つのクラスに分類される．ジレンマのない Trivial ゲームとジレンマゲームである**囚人のジレンマ**（Prisoner's Dilemma，以下 PD とも略す），**チキン**（Chicken，Snow Drift Game あるいは Hawk - Dove Game ともいう），**鹿狩り**（Shag Hunt，以下 SH とも略す）である．ジレンマとは何か，との問いが出てくるかもしれない．のちに詳述するので，ここでは一般語彙でいうジレンマとでも理解しておいて読み進めて欲しい．

　予め結論を先回りして言っておこう．本節と次節での主題は，この4つのゲームクラスが，前節で説明した非線形システム状態方程式の演繹アプローチで考察した，固有値の正負を吟味することで導出されることを示す点にある．ここで，ギャンブル性ジレンマ（Gamble-Intending Dilemma，以下 GID）とリスク回避性ジレンマ（Risk-Averting Dilemma，以下 RAD）なる言

ゲームクラス	ジレンマ？	GID	RAD
囚人のジレンマ；PD	あり	あり	あり
チキン	あり	あり	なし
鹿狩り；SH	あり	なし	あり
Trivial	なし	なし	なし

図4-4　2×2ゲームにおけるクラス分類

葉の定義をする．これらのジレンマ性があるか否かを以下，

$$D_g \equiv T - R$$
$$D_r \equiv P - S \quad (4.13)$$

で定める D_g と D_r で判定する．$D_g > 0$ ならギャンブル性ジレンマがあり，$D_r > 0$ ならリスク回避性ジレンマがある．各ジレンマクラスとギャンブル性ジレンマとリスク回避性ジレンマの有無を図 4－4 にまとめた．今は，証明も委細説明もなしに，殆どいきなり本質を述べているから，読者としては，何を言われているのやらと思っていることだろう．どうか，あと少しだけ我慢して欲しい．なお，ギャンブル性ジレンマをチキン型ジレンマ，リスク回避性ジレンマを SH 型ジレンマともいう．PD はチキン型と SH 型が両方ともあるジレンマゲームであることを図 4－4 は示している（委細は後に述べる）．

あと 2 つばかり言葉の説明が必要である．

図 4－5（a）を見て欲しい．これは囚人のジレンマ（PD）のクラスに属するゲーム構造である．なぜなら，(4.13) 式に従って D_g と D_r を算出すれば，ともに正値となって，図 4－4 から PD だと判明する．どうして PD なのかのくだりは後述するとして，パネル（b）を見て欲しい．コンマ区切りの前の値，つまり行方向のエージェントの利得にオレンジ色と緑色のハッチがしてある．これは，それぞれ列方向のエージェントの戦略が C に固定されているとき，D に固定されているときを意味する．同じ色のハッチがある 2 要素を比較して，より大きい方を太字にした．これは，列方向のエージェントの手が固定されているとき，行方向で表されるエージェントは C と D のどちらを出す方が合理的か表していることになる．パネル（c）では，同様のことを今度は行方向のエージェント手を固定して，列方向で表されるエージェントは C か D のどちらが合理的戦略かを表している．パネル（d）では，コンマ前後でいずれも太字となっている要素を赤くハッチしている．こうして求めた状態（ゲームの帰結）を**ナッシュ**（Nash）**均衡**という．この例におけるナッシュ均衡は，無限集団中からランダム選択したエージェントが，1 回こきりのゲーム対戦をするとき，エージェントが採る合理的戦略の組を意味する．PD の場合，この図で示したように，自他共に D を出し，互いに裏切り合って，低い利得 P（図 4－5 から諒解されるように PD では $T>R>P>S$ の関係が成り立つ）を取り合う．前節の非線形システムのダイナミクスと関連付けて説明するなら，このことは以下を意味す

(a)

	C	D
C	5, 5	1, 7
D	7, 1	3, 3

(b)

	C	D
C	5, 5	1, 7
D	**7**, 1	**3**, 3

(c)

	C	D
C	5, 5	1, **7**
D	**7**, 1	**3**, **3**

(d)

	C	D
C	5, 5	1, **7**
D	**7**, 1	**3, 3**

Nash 均衡

図 4－5　PD を例にしたナッシュ均衡の導出法

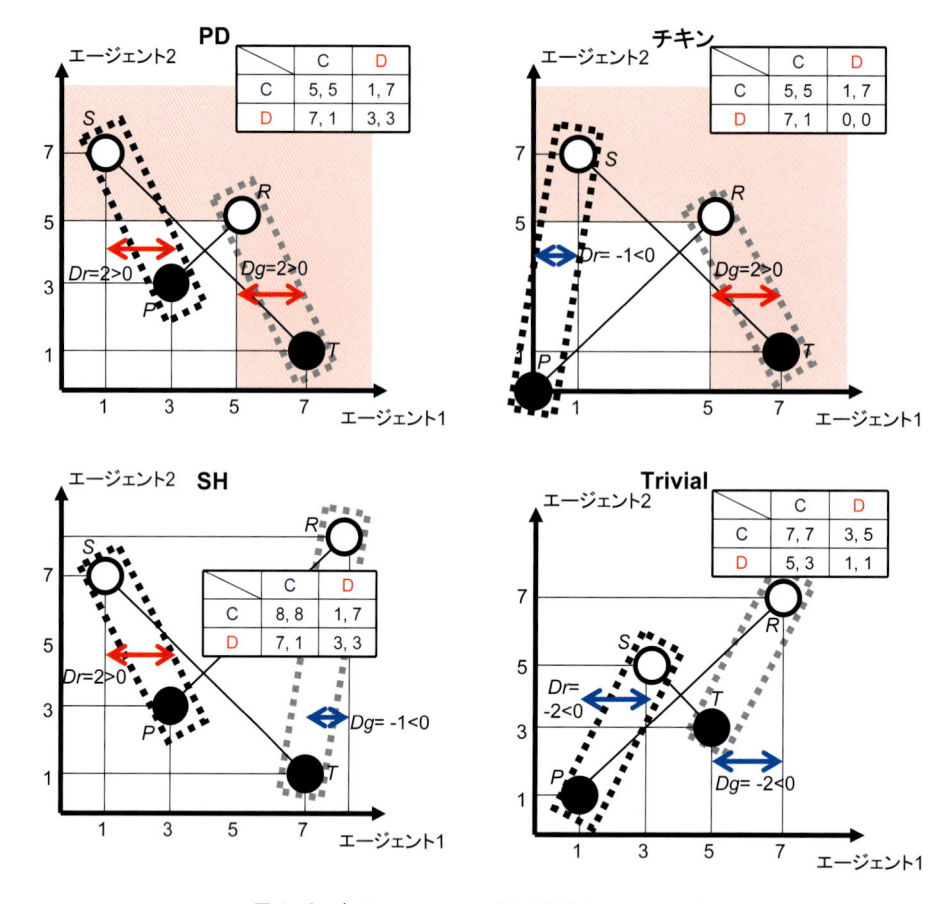

図4-6 各ゲームクラスの解可能域とD_g, D_rの例

る．初期に無限集団は半々で協調エージェント，裏切りエージェントで構成されていたとしても，ゲームを始めて，その後各ステップで各エージェントの戦略見直しをある決まりに従って実施して[3]，時間を進めていくと[4]，$t \to \infty$ の極限では，全員（サイズは無限だが）が裏切りを出す状態でシステムは定常に達する．

図4-6に各4ゲームクラスの利得行列の例と縦軸，横軸にエージェント1,2の利得をプロットした図を示した．この図を**解可能域**という．PDとチキンの解可能域でピンク色にハッチしてある部分はRを中心にしたときの第1, 第2, 第4象限に相当するエリアである．ここに複数のプロットが存在する場合，平等なエージェント1と2の間で，どのゲーム帰結が最も望ましいか決めがたいことになる．実際，このエリアにはR以外にTとSがあるが，エージェント1にとっては，無論，Tが望ましいことになり，このことは対称に成り

---

[3] このことを戦略適応 (strategy adaptation) という．
[4] このことを進化 (Evolution) という．

立って相手にとっては S が望ましい．といって両者折り合って，公平な R を採るかといえば，あくまで自己利得最大を求める限り採り得ない．このような場合，R は最適たり得ず，**公平なパレート（Pareto）最適**に過ぎないということにする．これに対し，SH と Trivial ではピンクのハッチ領域に（描いていないが）R 以外の解は存在せず，最適解が唯一存在し，それが R になっている．

図 4-6 ではエージェント 1 の戦略，すなわち自分の手が C であれば○，D であれば●を表示しており，エージェント 2 の戦略，すなわち相手の手が C であればグレーの破線で，D であれば黒の破線でプロットを囲んである．すると，以下のことに気が付くだろう．PD を例に取ると，相手の手が C に固定されているのなら，グレー破線の 2 プロットを比較して，より横軸方向（エージェント 1 の利得を大きくする向き）に大きくなる手 D を出すことが合理的で，相手の手が D に固定されているのなら，黒破線の 2 プロットを比較して，より横軸方向に大きい D を出すことが合理的，つまり相手の手に依らず D を出すことが合理的だと解読出来る．これは先に説明したナッシュ均衡に他ならない．Trivial ゲームについても同様に，黒とグレー破線の囲みそれぞれをみて，相手の手に依存せずエージェント 1 の自手としては C を出すことが合理的であり，ナッシュ均衡が（C, C）の手組である R であることが理解されよう．チキンと SH ゲームにおけるナッシュ均衡は，図 4-5 に説明した方法で利得行列から求める．チキンでは（C, D）と（D, C）の手組である S と T が，SH では（C, C）と（D, D）の手組である R と P がナッシュ均衡であることがわかる．チキンと SH では，PD と Trivial のように図 4-6 から，解可能域を見てナッシュ均衡を諒解することは出来ないが，相手の手が C か D なのかによって，自手として出すべき戦略が異なってくるとの状況は，上記で説明した黒およびグレーの囲みプロットの大小から理解されよう．

さて，これまで縷々(るる)述べてきたジレンマだが，ジレンマとはなんぞやと問われれば，ズバリ以下となる．

すなわち，ナッシュ均衡と公平なパレート最適が一致しない状況が数理的ジレンマを惹(じゃっ)起(き)するのである．PD，チキン，SH では，公平なパレート最適（若しくは最適）とナッシュ均衡が一致していない．SH は一部合致しているが（(C, C)はナッシュ均衡の一つ），少なくとも一部は一致していないから，やはりジレンマがあるのだ．以下，仔細を説明しよう．

PD では $T>R>P>S$ の大小関係がある．逆に言うと，この大小関係があるときにはそのゲームクラスは PD になる．$D_g>0$ かつ $D_r>0$ だから，ギャンブル性ジレンマもリスク回避性ジレンマもある．前者の，別名チキン型ジレンマは，$D_g=T-R$ が正値を採ることから生じるが，これは図 4-6 の PD とチキンの解可能域から諒解されるように，この条件が満たされるとき R を中心にしたときの第 1，第 2，第 4 象限に相当するエリアに T と S が必ず存在し，解可能域の含意からして，このことは「相手を貪ろうとのインセンティブがあ

る」ことを示唆するだろう．同様に考えると，後者の，別名SH型ジレンマは，$D_r = P-S$ が正値を採ることから生じるが，描いていないけれど，この条件が満たされるときには図4-6の解可能域はPを中心にしたときの第2，第3，第4象限に相当するエリアにTとSが存在し，解可能域の含意からして，このことは「相手に貪られまいとのインセンティブがある」ことを示唆する．既述したが，PDのダイナミクスは，$t \to \infty$の極限で全員裏切り者だけになる．この均衡を**D戦略支配**（D-dominate）という．

　チキンでは$T>R>S>P$の大小関係がある．$D_g > 0$かつ$D_r < 0$だから，ギャンブル性（チキン型）ジレンマだけあり，リスク回避性（SH型）ジレンマはない．このゲームでは，相手に貪られまいと考える必要はないけれど，相手を貪ってやろうとのインセンティブがある．チキンの特徴は$S>P$の大小関係にある．つまり，自分にとって最も都合がよいのは，相手はCを出してくれて自分はDを出して貪ってやること（$T>R$）だが，相手がDを出して自分もD出すと最悪の結末になる（Pを取り合うことが最低）．それならば，相手に貪られる方がまだマシ（$S>P$）との構造である．環境問題もよく似た構造を有する．公共財である環境は誰もが利用出来るけれど，皆が過剰に利用すると，環境が壊れる，との最悪の結末を迎える．壊れるくらいならば自分は利用を控えるほうがマシである，との社会ジレンマである．この喩えにおける環境は，例えば公共の放牧地のようなもので，裏切り戦略は自分の牛を連れて行って目一杯牧草を喰わせることに相当し，協調戦略は自制的に利用する，ないしは短期的には牛に牧草を喰わせず地力の回復を待つとの行為に相当する．この比喩は実際，多人数チキンゲームとしてモデル化可能で，**共有地の悲劇**（Tragedy of commons）という[5]．チキンにおけるナッシュ均衡は（C, D）と（D, C）であったが，これは，ダイナミクス上は初期協調率[6] 0.5ではじめると，$t \to \infty$の極限では，ある割合で協調者と裏切り者が併存する状況に落ちつくことを意味する（ただし特定のエージェントがCにロックされ，別の特定エージェントがDを出し続けるとの意味でなく，無限サイズの集団を統計的に見るとCとDの割合が一定値に均衡することをいっている）．この均衡のことを**併存平衡**あるいは**Polymorphic**（**多形**）という．

　SHでは$R>T>P>S$の大小関係がある．$D_g < 0$かつ$D_r > 0$だから，ギャンブル性（チキン型）ジレンマはなく，リスク回避性（SH型）ジレンマだけある．このゲームでは，相手を貪ろうとのインセンティブは存在しない（なぜなら最適たるRが存在し，$R>T$であるから）けれど，相手に貪られまいと疑心暗鬼になることで生じるジレンマがある（$P>S$）．二人の狩人がいて，互いに協力すれば大きな獲物である鹿をしとめ得ることが事前に分かっている．が，相手が本当に協力してくれるか否か疑心暗鬼になって（なぜなら相手が自爆覚悟——自分も鹿の分け前を失すること覚悟——で"私"に嫌がらせをするつもり

---

[5] Hardin, G.; Tragedy of the Commons, *Science* 162（3859）, 1243-1248, 1968.
[6] 一連のゲームを始める時点の協調者の割合．

で裏切るかも知れない），裏切り戦略，すなわち，一人で出来るウサギ狩りに行ってしまうべきか否かのジレンマに悩む…鹿狩りゲームの由来は『社会契約論』や『エミール』で著名なジャン=ジャック・ルソーの『人間不平等起源論』第2章にあるこのエピソードに取材している．SHが鹿狩りゲームたる所以(ゆえん)である．SHにおけるナッシュ均衡は（C, C）と（D, D）であったが，ダイナミクス上は初期協調率に依存して，$t \to \infty$ の極限では，全員裏切りの状態になるか，全員協調の状態になるかに分岐する．つまり，初期の協調者数の割合に応じて，裏切りはびこる暗黒世界に堕ちるか，協調社会を創発させられるかが別れる．このようなダイナミクスのことを **Bi-stable** という．

Trivial では $R > T > S > P$ の大小関係があり，$D_g < 0$ かつ $D_r < 0$ だから，ギャンブル性（チキン型）ジレンマもリスク回避性（SH型）ジレンマもない．ナッシュ均衡は（C, C）であり，最適解と完全に一致する．よって，初期協調率に依存せず，$t \to \infty$ の極限では，全員協調の状態になる．このような均衡を **C戦略支配**（C-dominate）という．

PDはチキン型とSH型のジレンマがダブルで利いている，タフなジレンマゲームなのである．SHはナッシュ均衡の一部が最適解に一致していて，チキンほど強いジレンマではない．実際，ダイナミクスは，既述したように，初期値によっては，全員協調者の状態へ吸引され得る．

ここで，一寸だけ脱線する．

現在，数学，生物学，物理学，情報学，はては著者の如き足軽雑兵まであまたの科学者が参入して熱戦を繰り広げている進化ゲーム理論の研究だが，その要諦は何か？　言ってしまえば，それは，上記したように，素のまま（サイズ無限の集団からランダムに2エージェントを選んできてゲームさせる状況，これを infinite で **well-mixed** という）だと，例えばPDであれば，裏切り合いの応酬になってしまうわけだが，これに一体どんな仕組みを付加してやるとエージェントたちに協調を創発させられるのか，という課題の探求に尽きるのだ．実際，生物界を見渡せば，人間はもとより，アリ，ハチといった社会性昆虫に至るまで，実に多くの種で協調行動が進化している．この疑問に答えることは，こういった生物進化の謎に迫るものであるし，同時に結晶構造や相転移の統計物理学とのアナロジーを考究することでもあり，より佳(よ)き人間社会への提言に繋がる営為でもあるわけだ．

で，その「付加的枠組み」だが，最近の理論研究の積み重ねによって，おおよそが解りつつある．M.A.Nowakによれば[7]，これら数理的ジレンマを緩和さらには解消させる仕組み[8]は基本的には図4-7のように集約され，いずれもが生物界に見出される血縁淘汰[9]と同形

---

[7] Nowak, M.A.; Five Rules for the evolution of cooperation, *Science* 314, 1560-1563, 2006.
[8] 厳密に言えば，$D_g = D_r$ を満たすPDについての言明である．
[9] Hamilton, W.D.; The evolution of altruistic behavior, *American Naturalist* 97, 354-356, 1963.

のきわめて平易で美しい数学的表式で記述されるとの驚くべき事実が証されたのだ．彼はそれを「**社会粘性**」(を付加する機構）とよんでいる．「素のまま」は前述した infinite で well-mixed だが，この状況下では，毎回一見さんとゲームするので次回誰と当たるか分からない．そこに繰り返しゲーム対戦を許す（直接互恵）[10]，相手がどんな人か（協調的か裏切り的か）の表徴（タグ）で見分ける（間接互恵），ネットワークで繋がった隣人とだけゲームを行い，戦略に関する情報を貰い受ける（ネットワーク互恵）といった仕組みを入れてやると，エージェントたちはジレンマを克服して協調社会を創発させる[11]．これらの仕組みは，要するに，全くの匿名状態である well-mixed から，どうやって匿名性を減らし，対戦相手を認証するかの機構であると言うことが出来る．間接互恵であるタグによる他者認証をより深く考究することで，生物の特異形態（例えばとさかの色の違い etc）の進化や究極の他者認証システムである言語進化の謎を構成論的に説明出来るかもしれない．ネットワーク互恵を研究することが，人間の社会システムや様々な自然界の現象で観察されるスケールフリー・グラフなど特徴的ネットワークトポロジーがどうして構成され，そのネットワーク上で協調行動の自己組織化がどうして起きるのかを解明するかもしれない．

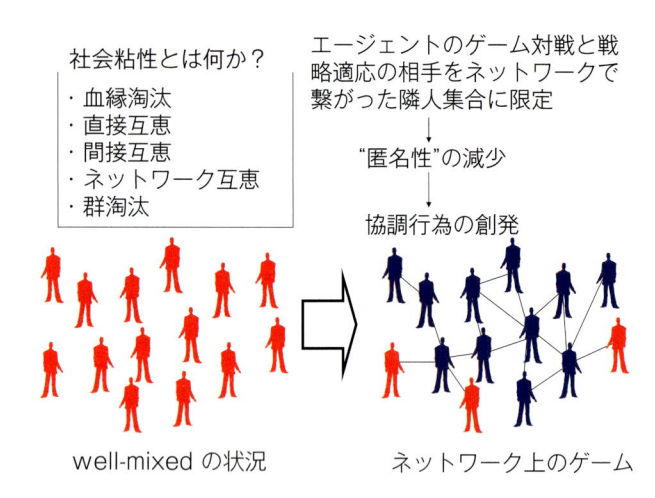

図4-7 ジレンマ緩解解消の5つの基本機構とネットワーク互恵の例

4-4 2×2ゲームのダイナミクス解析

本節では，2×2ゲームのダイナミクスが，前節で説明した4つのゲームクラス，すなわちジレンマのない Trivial とジレンマのある PD，チキン，SH によってどう異なるのかを，4.2節で導入した非線形のシステム状態方程式のダイナミクスに関する演繹アプローチで解

---

[10] 常識的に考えて同意出来ると思うが，どこの誰とも知れない奴と対戦するのでなく，毎回同じパートナーが相手であれば，裏切り合って P 取るより，短期的利得にしかならない貪り戦略を抑えて，協調し合うことで R を取る方が合理的だ．実際，私たちは日常生活でもそのように振る舞っている．

[11] これらは多くの場合，計算機シミュレーションで検証される．多数のエージェントに対して計算機中に仮構した人工社会でゲームを繰り広げさせるので，このアプローチを**マルチエージェントシミュレーション**という．

き明かしていく．

　今一度前提条件を確認しておく．エージェントの数である集団サイズは無限であり，集団内にはなんら社会粘性のない well-mixed な状況である．エージェントの採り得る戦略（手）は離散的に定義された協調（C）と裏切り（D）であり，それぞれを以下の状態ベクトルで表す．

$$^T\mathbf{e}_1 = (1\quad 0) \quad \text{C 戦略} \tag{4.14-1}$$

$$^T\mathbf{e}_2 = (0\quad 1) \quad \text{D 戦略} \tag{4.14-2}$$

ゲーム構造である利得行列を以下で表す．

$$\begin{bmatrix} R & S \\ T & P \end{bmatrix} \equiv \mathbf{M} \tag{4.15}$$

また，任意の時刻における C 戦略と D 戦略を採るエージェントの割合（これを戦略比という）をそれぞれ s_1, s_2 で定義し，戦略比ベクトルを以下で表す．

$$^T\mathbf{s} = (s_1\quad s_2) \tag{4.16}$$

単体（simplex）である条件から，

$$s_2 = 1 - s_1 \tag{4.17}$$

である．上記の (4.14) 式から (4.17) 式が納得いく表式であることは，D 戦略エージェントが D 戦略エージェントと対戦したときの利得は，以下により P になることから諒解されるだろう．

$$\pi_{DD} = (0\quad 1) \cdot \begin{bmatrix} R & S \\ T & P \end{bmatrix} \begin{pmatrix} 0 \\ 1 \end{pmatrix} = P \tag{4.18}$$

上式が，ある戦略と別のある戦略とがゲーム $\mathbf{M}$ をしたときの利得を表すことから，C 戦略のあるエージェントが戦略比 $\mathbf{s}$ で表される現時点における任意抽出エージェントと対戦したときの期待利得は以下となることが諒解されよう．

$$^T\mathbf{e}_1 \cdot \mathbf{Ms}$$

同様に，D 戦略のあるエージェントが戦略比 $\mathbf{s}$ で表される現時点における任意抽出エージェント対戦したときの期待利得は以下となる．

$$^T\mathbf{e}_2 \cdot \mathbf{Ms}$$

このことから，戦略 i の戦略比の変化のダイナミクスとして，以下の**レプリケータダイナミクス**（Replicator dynamics）が定義できることは納得出来ると思われる．

$$\frac{\dot{s}_i}{s_i} = {}^T\mathbf{e}_i \cdot \mathbf{Ms} - {}^T\mathbf{s} \cdot \mathbf{Ms} \tag{4.19}$$

左辺は時間変化率 $\dot{s}_i$ を戦略比そのもので無次元化しており，変化の程度を意味する．その変化の程度は，右辺の「戦略 i がその時点の社会平均とゲームして得た利得が，その時点の

社会利得の期待値に比べどれだけ大きいか」で決せられるという表式は，さだめし読者の腑に落ちるものだろうと思う．つまり，96ページに「初期に無限集団は半々で協調エージェント，裏切りエージェントで構成されていたとしても，ゲームを始めて，その後各ステップで各エージェントの戦略見直しをある決まりに従って実施して，時間を進めていくと」と書いたのを読者は覚えているだろうか．この"ある決まり"として，上記 (4.19) 式のレプリケータダイナミクスを仮定するとどうなるかというのが，以下のハナシである．よって，レプリケータダイナミクスではない時間ダイナミクスを仮定する場合もあり得る．だが，レプリケータダイナミクスは，十分に妥当な"ある決まり"だろうと思われる．なぜといって，ゲームの結果，うまくいった（戦略比で重み付けした平均利得より大きな利得が得られた）戦略は次の時間には増え，そうでなかった戦略は減る．その加減の割合は，前記の "うまくいった" 程度に比例して決める，との考え方なのだから，いわば，信賞必罰（あるいは優勝劣敗）の機構が働いている世界だ．人間社会システムを含む，実際の生物界の淘汰メカニズムでは，このような信賞必罰もあるだろうし，別の信賞必罰のダイナミクス（獲得利得に応じてどう増えていくかが (4.19) 式とは異なる），あるいは運不運に左右されるランダム性の影響もあるだろう（つまりゲームの利得が低かった個体もくじ運によっては子孫を残せる，といった効果）．とにかく，以下の演繹アプローチでは，"ある決まり" としては，レプリケータダイナミクスを仮定する，ということである．

(4.14) 式〜 (4.16) 式を (4.19) 式に代入して，要素を顕わに書き出すと，

$$\begin{cases} \dot{s}_1 = [(R-T)\cdot s_1 - (P-S)\cdot s_2]\cdot s_1 \cdot s_2 \\ \dot{s}_2 = -[(R-T)\cdot s_1 - (P-S)\cdot s_2]\cdot s_1 \cdot s_2 \end{cases} \quad (4.20)$$

となる．右辺を見るとわかるように，右辺 = 0 とした式は s_1, s_2 について3次式である．つまり，均衡点は3つあることになる．自明な均衡点が2つあり，

$$(s_1 \quad s_2) = (1 \quad 0) \equiv \mathbf{s}^*|_{\text{C-dominate}} \quad (4.21-1)$$
$$(s_1 \quad s_2) = (0 \quad 1) \equiv \mathbf{s}^*|_{\text{D-dominate}} \quad (4.21-2)$$

である．前者は全員協調者の状態，後者は全員裏切り者の状態を，すなわち，C戦略支配相，D戦略支配相を意味する．今ひとつの均衡点は，(4.20) 式の右辺の [ ] 内を0と等置した方程式と (4.17) 式とを連立求解することにより得られ（読者は自らの手で確認を），

$$(s_1 \quad s_2) = \left(\frac{P-S}{P-T-S+R} \quad \frac{R-T}{P-T-S+R} \right) \equiv \mathbf{s}^*|_{\text{Polymorphic}} \quad (4.21-3)$$

となる．この第3の均衡点は，後述するように P, R, S, T の値によっては $[0, 1]$ の内部に来，その場合，ダイナミクスは Polymorphic（多形相）もしくは Bi-stable になるので，**内部均衡点**ということがある．

さて，均衡点が3つ求まったところで，あとは4.2節で説明した手続きに従って，これら各均衡点におけるヤコビ行列の固有値を吟味して，その正負をチェックすることで，それぞ

れの均衡点が吸引なのか，湧出なのか，はたまた鞍点なのかを判定していけばよい．

まず，(4.20) 式を以下のようにおく．

$$\dot{s}_1 \equiv f_1(s_1, s_2) \tag{4.22-1}$$
$$\dot{s}_2 \equiv f_2(s_1, s_2) \tag{4.22-2}$$

(4.17) 式が成り立つから，$f_1 = -f_2$ であることに留意する．よって，(4.12) 式を計算すると，

$$\frac{\partial f_1}{\partial s_1} = -\frac{\partial f_2}{\partial s_1} = 3(-R+S+T-P)s_1^2 + 2(R-2S-T+2P)s_1 + S - P \tag{4.23-1}$$

$$\frac{\partial f_1}{\partial s_2} = -\frac{\partial f_2}{\partial s_2} = -3(-R+S+T-P)s_1^2 - 2(R-2S-T+2P)s_1 - S + P \tag{4.23-2}$$

を得る．このくだりも読者には是非，自ら手で追って貰いたい．ヤコビ行列

$$\mathbf{J} = \begin{bmatrix} \frac{\partial f_1}{\partial s_1} & \frac{\partial f_1}{\partial s_2} \\ \frac{\partial f_2}{\partial s_1} & \frac{\partial f_2}{\partial s_2} \end{bmatrix} = \begin{bmatrix} \frac{\partial f_1}{\partial s_1} & \frac{\partial f_1}{\partial s_2} \\ -\frac{\partial f_1}{\partial s_1} & -\frac{\partial f_1}{\partial s_2} \end{bmatrix}$$ は高々 2 行 2 列のマトリクスだから，その固有値は高校

数学の範囲で求まって，0 と $\frac{\partial f_1}{\partial s_1} - \frac{\partial f_1}{\partial s_2}$ である（このプロセスもやや面倒だけれど，固有値の求め方を数学の教科書を引っ繰り返して，思い出して貰った上で，是非，自ら追って欲しい）．0 は正負に関して中立だから，(4.21) 式の 3 つの均衡点におけるヤコビ行列の固有値正負としては，$\frac{\partial f_1}{\partial s_1} - \frac{\partial f_1}{\partial s_2}$ だけを吟味すればよいわけだ．この固有値を顕わな形で書き下せば，

$$\lambda = \frac{\partial f_1}{\partial s_1} - \frac{\partial f_1}{\partial s_2} = 6(-R+S+T-P)s_1^2 + 4(R-2S-T+2P)s_1 + 2(S-P) \tag{4.24}$$

となる．

(1) 均衡点 $\mathbf{s}^*|_{\text{C-dominate}}$ が吸引となるための必要十分条件は，(4.24) 式に $(s_1 \ s_2) = (1 \ 0)$ を代入して，$\lambda < 0$ が成り立つことである．よって，求める条件は以下となる．

$$T - R = D_g < 0 \tag{4.25}$$

(2) 均衡点 $\mathbf{s}^*|_{\text{D-dominate}}$ が吸引となるための必要十分条件は，(4.24) 式に $(s_1 \ s_2) = (0 \ 1)$ を代入して，$\lambda < 0$ が成り立つことである．よって，求める条件は以下となる．

$$P - S = D_r > 0 \tag{4.26}$$

(3) 均衡点 $\mathbf{s}^*|_{\text{Polymorphic}}$ が吸引となるための必要十分条件は，(4.24) 式に

$(s_1 \ s_2) = \left(\dfrac{P-S}{P-T-S+R} \ \dfrac{R-T}{P-T-S+R} \right)$ を代入して，$\lambda < 0$ が成り立つことである．

このとき，$\lambda = 2 \dfrac{(R-T)(P-S)}{R-S-T+P}$ となることに留意すると，求める条件は以下となる．

表 4-1 演繹アプローチにおける 2×2 ゲームのダイナミクス

ゲームクラス	相	Nash 均衡	D_g の符号	D_r の符号	各均衡点が吸引，湧出，鞍点か		
					$(1,0)$	$(0,1)$	$\left(\dfrac{D_r}{D_r-D_g} \quad \dfrac{-D_g}{D_r-D_g}\right)$
PD	D 支配	$(0,1)$	+	+	湧出	吸引	鞍点
チキン	多形	$\left(\dfrac{D_r}{D_r-D_g} \quad \dfrac{-D_g}{D_r-D_g}\right)$	+	−	湧出	湧出	吸引
SH	Bi-stable	$(0,1)$ or $(1,0)$	−	+	吸引	吸引	湧出
Trivial	C 支配	$(1,0)$	−	−	吸引	湧出	鞍点

$$P < S \wedge R < T \Leftrightarrow P-S = D_r < 0 \wedge T-R = D_g > 0 \tag{4.27}$$

以上をまとめると，表 4-1 を得る．ただし，

$$\mathbf{s}^*|_{\text{Polymorphic}} = \left(\frac{P-S}{P-T-S+R} \quad \frac{R-T}{P-T-S+R}\right) = \left(\frac{D_r}{D_r-D_g} \quad \frac{-D_g}{D_r-D_g}\right)$$

なる式変形を使っている．(4.13) 式で定義した D_g と D_r で図 4-4 の 4 つのゲームクラス，PD，チキン，SH，Trivial を分けたわけだが，これは 3 つの均衡点の正負の違いを表していることが諒解される．

PD では，$\mathbf{s}^*|_{\text{C-dominate}}$ で湧出，$\mathbf{s}^*|_{\text{D-dominate}}$ で吸引となるから，初期協調率を $[0,1]$ のいかなる値からはじめても，$t \to \infty$ の極限では，全員裏切りの状態に均衡することがわかる．

チキンでは，$\mathbf{s}^*|_{\text{C-dominate}}$ で湧出，$\mathbf{s}^*|_{\text{D-dominate}}$ でも湧出，この場合 $[0,1]$ の内部に存在する $\mathbf{s}^*|_{\text{Polymorphic}}$ で吸引となるから，初期協調率を $[0,1]$ のいかなる値からはじめても，$t \to \infty$ の極限では，内部均衡点たる $\mathbf{s}^*|_{\text{Polymorphic}}$ に均衡することがわかる．以前にも述べたが，この状態は，ある特定のエージェントを取り出したとき彼が固定的に協調者で，別のエージェントが裏切りに固定化した戦略を採っているわけではなく，無限サイズの集団全体としてみたとき協調者と裏切り者の割合が（動的）定常に達して動かなくなることをいっている．

SH では，内部均衡点たる $\mathbf{s}^*|_{\text{Polymorphic}}$ で湧出，$\mathbf{s}^*|_{\text{C-dominate}}$ で吸引，$\mathbf{s}^*|_{\text{D-dominate}}$ でも吸引である．したがって，初期協調率が内部均衡点 $\mathbf{s}^*|_{\text{Polymorphic}}$ より小さい状態からはじめると，$t \to \infty$ の極限では，全員裏切りの状態に均衡し，初期協調率が内部均衡点 $\mathbf{s}^*|_{\text{Polymorphic}}$ より大きい状態からはじめると，$t \to \infty$ の極限では，全員協調の状態に均衡する．このダイナミクスが Bi-stable といわれる所以である．

Trivial では，$\mathbf{s}^*|_{\text{C-dominate}}$ で吸引，$\mathbf{s}^*|_{\text{D-dominate}}$ で湧出となるから，初期協調率を $[0,1]$ のいかなる値からはじめても，$t \to \infty$ の極限では，全員協調の状態に均衡することがわかる．ジレンマがないゲームに分類される所以である．

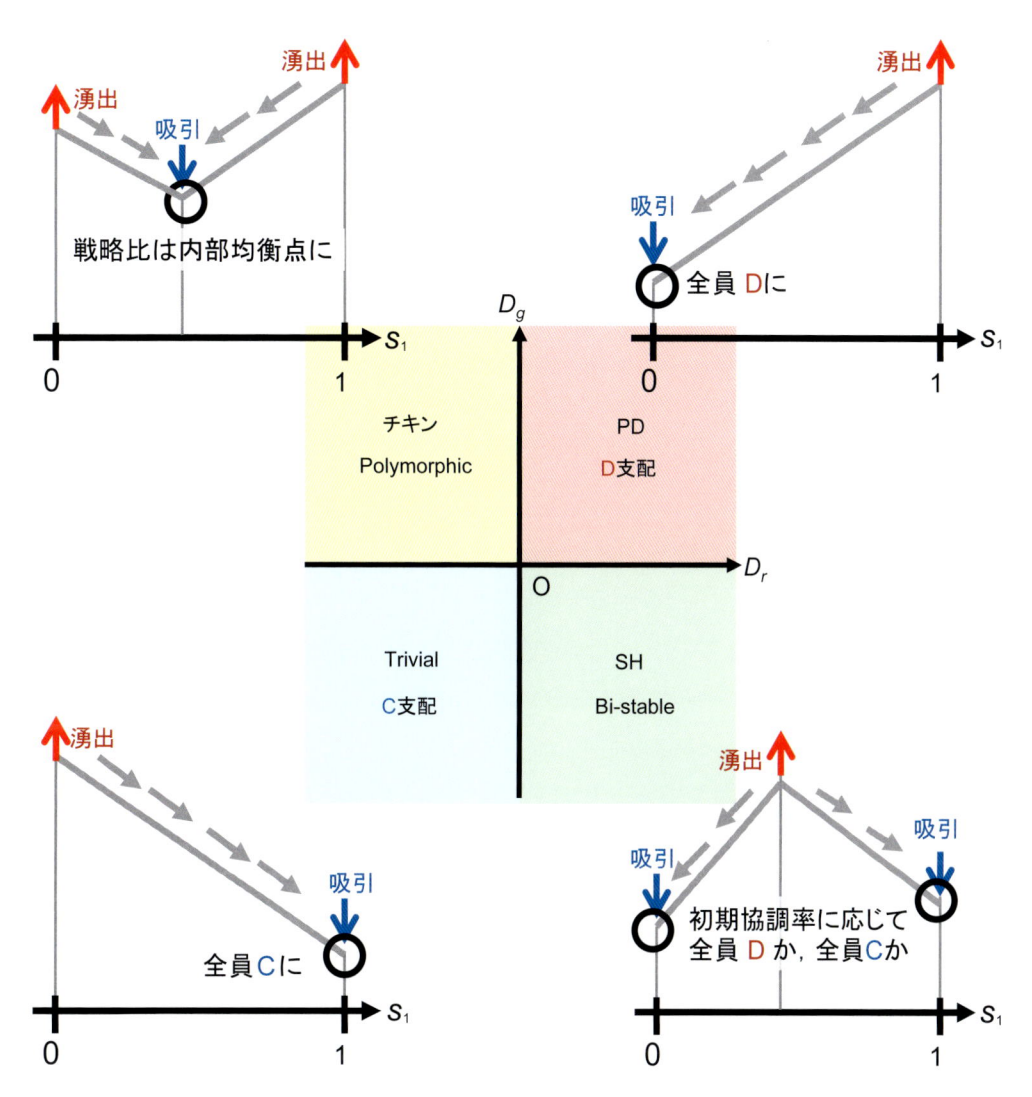

図 4-8 2×2ゲームの D_g, D_r で分類したダイナミクスの相図と各ゲームクラスにおけるダイナミクスの大略

以上と表 4-1 を模式的にまとめると図 4-8 のようになる．

ここにおいて，非線形な 3 次式で表式される 2×2 ゲームのレプリケータダイナミクスの演繹的特徴は完全に解き尽くされたことになる．

以下，蛇足．2×2 ゲームは 2 戦略なので，ある均衡点に最終的には吸引される比較的単純なダイナミクスしか現れない．戦略数が 3, 4, 5 と増して，系の自由度が大きくなると，ダイナミクスは**摂動**（Perturbation）といって周期的挙動を示したり，**カオス**（Chaos）のよ

うに確定モデルなのに複雑怪奇な挙動を示す相が出現する．興味のある読者は，参考文献（3-2）や（3-3）などを手にとって欲しい．

参考文献

伝熱の数値解法や有限要素法に関する参考書
(1-1) 矢川元基；流れと熱伝導の有限要素法入門，培風館，1983.
　　　　最高の良書．残念ながら絶版．古本でも手に入りにくい．ちゃんとした大学の図書館にはある筈．
(1-2) スハス・V・パタンカー（水谷幸夫，香月正司 訳）；コンピュータによる熱移動と流れの数値解析，森北出版，1988.
　　　　本書で触れなかった非線形方程式の数値解法に関する最高の入門書．
(1-3) 香月正司，中山顕；熱流動の数値シミュレーション，森北出版，1991.
　　　　前掲のセットとも言うべき内容で，Fortran のコードが丁寧に解説されている．

建築環境工学の標準的な教科書
(2-1) 田中俊六，武田仁，足立哲夫，土屋喬雄；最新 建築環境工学，井上書院，1986.
　　　　上記は絶版になっている．著者の一部を入れ替え，内容を付加した新版が出ている（著者は内容を確認していないが，大きく変わってはいないと思う）．
(2-2) 宿谷昌則；数値計算で学ぶ光と熱の建築環境学，丸善，1993.
　　　　環境工学の教科書はどれも似たような内容に見えるが，本書はやや趣が異なっている．要所に計算のための Fortran ソースコードが付されている．

研究的内容ながら更に勉強したい人への参考書
(3-1) 奥山博康；建築物の熱回路網モデルに関する理論的研究，清水建設研究報告別冊 26，1989.
　　　　学位論文で入手は困難かも知れない．内容は高度だが，本書の後に食いついてみようという人にはお勧め．
(3-2) Weibull,J.W.; Evolutionary Game Theory, MIT Press, 1997.
　　　　進化ゲーム理論に関する決定版的教科書．
(3-3) 池上高志，松田裕除之 共編；ゲーム理論のフロンティア，臨時別冊・数理科学（SGS ライブラリ 44），サイエンス社，2005.
　　　　研究前線で何が行われているかよくわかる解説書．

本文の特定箇所で参照すべき文献としたもの
(4-1) 空気調和・衛星工学会；設計用最大熱負荷計算法，丸善，1999.
(4-2) 日本建築学会；拡張アメダス気象データ，丸善，2000.

索　引

【あ行】
安定条件（Stability condition）　22
鞍点　90
1次元非定常熱伝導方程式　5
一般化逆行列　78
陰解（Implicit）　18
well-mixed　99
SH　94

【か行】
解可能域　96
ガウスの発散定理　60
カオス（Chaos）　105
拡散方程式　8
拡散率（拡散係数）　5
拡張キャパシタンスマトリクス　40
拡張コンダクタンスマトリクス　40
規定節点　11
共有地の悲劇（Tragedy of commons）　98
均衡（Equilibrium）　89
均時差　83
空間差分法　9
空間方向の数値振動　24
空間離散化　9
クランク・ニコルソン差分　9
クーラン（Courant）数　25
形状関数（Shape function）　59
検査体積法　9
合成コンダクタンス　12
後退差分　9
公平なパレート（Pareto）最適　97
固有値（Eigen value）　20

【さ行】
最小2乗解（Least square solution）　78
最小2（自）乗法　76
三角関数の定義　26
鹿狩り　94
時角　83
時間方向の数値振動　24
時間離散化　9

システム状態方程式　13
C 戦略支配（C-dominate）　99
自然室温計算　42
社会粘性　100
重回帰分析（Multi regression analysis）　75
囚人のジレンマ　94
集中定数化　10
蒸気拡散支配　37
随伴行列（Adjoint matrix）　78
水平面天空日射量　82
節点（Node）　10
摂動（Perturbation）　105
遷移行列（Transition matrix）　19
線形写像（Linear mapping）　91
双曲線型（Hyperbolic）　8
双曲線関数の定義　26
前進差分　9
増幅係数　25

【た行】
大気透過率　84
太陽位置　83
太陽高度　83
太陽定数　81
太陽赤緯（日赤緯）　83
太陽方位角　83
楕円型（Elliptic）　8
断熱境界　13
チキン　94
直散分離　81
2×2ゲーム　93
D 戦略支配（D-dominate）　98
天空率　82
転置（Transpose）　13
Trivial　94

【な行】
内部均衡点　102
ナッシュ（Nash）均衡　95
日周期定常解　50
2人2戦略ゲーム　93

人間−環境−社会システム　2
熱キャパシタンス（容量）マトリクス　14
熱コンダクタンスマトリクス　15
熱水分同時移動　37
熱的質量　5
熱負荷計算　42
年周期定常計算　17

【は行】
Bi-stable　99
パラメータ同定問題　85
PD　94
不易層温度　11
von Neumann の安定性解析　25
ブーガー（Bouguer）の式　84
フーリエの法則　6
併存平衡　98
壁面傾斜角　82
壁面への入射角　82

壁面方位角　82
ベルラーゲ（Berlage）の式　84
法線面直達日射量　82
放射熱伝達の線形化　32
放物型（Parabolic）　8
Polymorphic（多形）　98

【や行】
ヤコビ行列（Jacobian matrix）　93
有限要素法　9
陽解（Explicit）　18

【ら行】
離散化（Discretization）　9
離散フーリエ変換　25
レプリケータダイナミクス（Replicator dynamics）　101
レーリー・リッツ・ガラーキン法（Rayleigh-Ritz-Galerkin method）　58

たにもと　じゅん
谷本　潤

昭和40（1965）年，北九州市門司生まれ．早稲田大学理工学部建築学科卒業，同大学院修士課程修了．平成2（1990）年，東京都立大学・助手．九州大学大学院・講師，助教授を経て，平成15（2003）年より九州大学大学院・教授（大学院総合理工学研究院エネルギー環境共生工学部門）．この間，米国・National Renewable Energy Laboratory，豪州・University of New South Wales，オランダ・Technische Universiteit Eindhoven客員教授．専門は都市建築環境工学，人間－環境－社会システム学．工学博士．空気調和・衛生工学会学会賞（学術論文），日本建築学会奨励賞，日本建築学会学会賞（論文），IEEE CEC2009 Best paper award 受賞．『ハンディブック建築』（オーム社／共著），『民家の自然エネルギー技術』（彰国社／共著）など．第67回コスモス文学新人賞奨励賞，第76回コスモス文学新人賞受賞．第19回国文祭美術展（洋画），第36〜40，42回福岡市美術展（洋画）入選．『恋愛小説集－ロマンチックフラグメンツ－』（文芸社），『滞米瞰日録－若き建築環境工学者の視たアメリカと日本－』（彩図社），『建築のある掌話－小さな恋のものがたり十二景』（花書院）．

谷本教授の（努力すれば）誰にでもわかる
環境システムの数理解析基礎
——収支式の成り立ちから時間発展，数値解析まで——

2012年8月20日　初版発行

著　者　谷　本　　　潤

発行者　五十川　直　行

発行所　（財）九州大学出版会
　　　　〒812-0053　福岡市東区箱崎 7-1-146
　　　　　　　　　　九州大学構内
　　　　　電話　092-641-0515（直通）

印刷・製本／大同印刷㈱

Ⓒ 2012 Jun Tanimoto　　　　ISBN 978-4-7985-0082-9